양자역학적 세계상

도모나가 신이치로 지음
권용래 옮김

전파과학사

서론

근대의 물리학자는 분자, 원자, 원자핵, 소립자라는 작은 세계에서 활동하고 있다. 이 세계에는 막대한 에너지가 비축되어 있고, 여러 새로운 형상의 가능성이 소장되어 있다. 그런데 이 세계를 형성하고 있는 것은 우리가 일상세계에서 본 일이 없고, 그 행동 또한 상식적인 사고방식으로 볼 때는 극히 기묘하다. 나는 이 기묘한 세계의 양상을 독자에게 전하고자 시도한 몇 개의 글들을 이 소책자에 모아 보았다. 이 세계의 모든 사건을 완전히 이해하기란 전문가에게도 용이한 일이 아니므로 이 책도 독자에게 막연한 인상을 줄 뿐일지도 모른다는 생각도 들지만 그 점은 너무 어렵게 생각하지 말고 읽어 주기 바란다. 그리고 물리학자라는 인간이 얼마나 묘한 세계를 지니고 있는 가를 알아준다면 참으로 다행으로 생각한다.

도모나가 신이치로

차례

Ⅰ. 원자핵 이론

1. 원자구조와 원자핵

현대물리학의 가장 중심이 되는 과제 중의 하나는 물질의 구조를 탐구하는 것이다. 우리는 한결같은 모양으로 연속되어 있는 것처럼 보이는 물질도 실은 미세한 원자로 구성되어 있다고 생각하고 있다. 이러한 생각은 조금도 새로울 것이 없고, 먼 옛날 사람들, 예를 들면 그리스 철학자들도 생각하고 있었던 것인데 현대 물리학에도 이 견해는 그대로 살아 있다. 그러나 현대의 물질관이 고대의 견해 그대로는 아니다. 실제로 20세기 물리학자의 견해는 19세기 물리학자의 견해와도 판이하게 다르다.

19세기의 물리학자가 생각하던 원자는 대략

$$R = 0.00000002 \text{cm}$$

정도의 반지름을 갖는 구형이었다.

원자에는 여러 종류의 것이 있는데 그것들은 전혀 변함이 없는, 또 더 이상 나눌 수 없는 궁극적인 것이라 생각하고 있었다.

그러나 20세기에 들어와서 물리학자들은 원자가 결코 나눌 수 없는 것이 아니고 다른 그보다 작은 입자들로 구성되어 있음을 알게 되었다. 즉 원자의 중심에 양전기를 띤 한 개의 핵(nucleus)이 있고, 그 핵의 둘레를 음전기를 띤 전자(electron)들이 에워싸고 있다는 것이다. 핵은 큰 것일지라도

r=0.0000000000009㎝

정도의 극히 작은 반지름을 갖는 구형이다. 원자의 반지름(R)과 원자핵의 반지름(r)을 비교하면 r은 R의 1만 분의 1에 지나지 않는다.

전자가 크기를 갖고 있는가, 없는가는 아직 분명하지 않지만 설사 크기를 가진다 해도 그 반지름은 위의 r의 10분의 1보다는 크지 않을 것으로 생각되고 있다. 한 원자 속의 원자핵은 하나이고, 그 둘레에 고작해야 100개 정도의 전자들이 존재한다. 이런 점에서 원자의 내부구조는 공간이 극히 많음을 알 수 있다. 원자나 원자핵, 전자들이 얼마나 적은 것인지는 다음과 같은 비유를 쓰면 직관적으로 알 수 있다. 가령 반지름 1㎝ 정도의 구슬을 지구만 한 크기로 확대했다고 하자. 그때에도 원자는 축구공 정도의 크기에 지나지 않는다. 원자핵은 바늘 끝 정도의 점이다. 이 작은 세계에서 전자와 원자핵은 그들 간에 작용하는 전기적 인력에 의해서 마치 태양계를 방불케 하는 아름다운 체계를 형성하고 있다. 원자는 하나의 소우주라 말할 수 있다.

2. 원자핵의 구성요소 - 양성자와 중성자

원자핵은 이렇게 작은 입자지만 복잡한 구조를 지니고 있다. 원자핵의 질량은 원자에 따라 다르지만 그 질량은 대략 가장 가벼운 원자, 즉 수소원자의 원자핵 질량의 정수배를 이루고 있음이 밝혀져 있다. 보통 이 정수는 원자핵의 질량수(mass number)라 불리며 A라는 기호로 표시된다. 그리고 원자핵은 양의 전기를 띠고 있지만 그 전기량도 수소 원자핵의 전기량의 정수배를 이룬다. 이 정수는 '핵번호'라고 불리며 Z라는 기호로 표시되는 것이 보통이다. 예를 들면 헬륨(helium, He) 원자핵의 질량은 수소 원자핵의 4배, 전기량은 2배이다. 따라서 헬륨 원자핵의 A는 4, Z는 2이다. 또 산소 원자핵은 질량이 16배, 전기량은 8배이니까 산소의 A는 16, Z는 8이다. 이 정수성은 원자핵이 더 나아가 기본적인 입자들로 구성되어 있다는 사실을 암시하는 것이다.

이 사실은 원자의 방사능에 의해서도 입증된 것이다. 즉 라듐(radium, Ra) 원자의 원자핵은 헬륨 원자핵을 방출하고 라돈(radon, Rn) 원자핵으로 변한다. 이와 같이 입자를 방출하고 스스로 다른 원자핵으로 변환되는 성질을 지니는 원자핵이 자연에는 여러 개가 있다. 토륨(thorium, Th), 우라늄(uranium, U) 등의 원자핵이 그 예이다. 그런데 20세기에 들어와서 실험이 진보하여 원자핵을 인공적으로 붕괴시킬 수 있게 되었다.

이것은 고전압을 만드는 기술이 진보한 덕택이다. 고전압에 의해 형성된 강한 전기장 속에 어떤 원자핵(흔히 쓰이는 것은 수소 원자핵과 헬륨 원자핵이다)을 놓으면 원자핵은 전기를 띠고 있기 때문에 전기력을 받아서 가속된다. 이때 전기장이 아주 강하면 원자핵은 맹렬한 속도를 얻는다. 이렇게 해서 얻어진 고속도의 원자핵을 물질에 충돌시키면 물질의 원자핵에 큰 충격을 준다. 이런 방법으로 원자핵에 충격을 주면 보통의 원자핵들은 헬륨 원자핵이나 수소 원자핵을 방출한다. 때에 따라선 Υ 선이라는 극히 파장이 짧은 전자기파를 방출하기도 하고 전자를 방출하는 경우도 있다. 그런데 1932년 영국의 채드윅(James

Chadwick, 1895~1974)은 어떤 원자핵에서 그때까지 알려지지 않았던 전혀 새로운 종류의 입자가 방출되는 사실을 발견하였다. 이 입자는 수소 원자핵과 거의 같은 질량을 갖고 있지만 전기를 띠지 않는 중성의 입자였다.

이 중성입자가 수소 원자핵과 거의 같은 질량을 갖고 있다는 사실과 전기적으로 중성이라는 사실로부터 우리는 수소 원자핵과 이 새 중성입자가 원자핵들을 구성하는 입자라 생각할 수 있게 되었다. 예를 들면 헬륨 원자핵은 두 개의 수소 원자핵과 2개의 중성입자로 이루어져 있다고 생각할 수 있다. 즉 헬륨 원자핵이 수소 원자핵의 4배의 질량과 2배의 전기를 띠고 있다는 사실이 쉽게 설명된다. 마찬가지로 산소 원자핵은 수소 원자핵 8개와 중성입자 8개로 이루어져 있는 것이다.

이리하여 수소 원자핵과 이 새 중성입자가 원자핵을 구성하는 기본적인 입자라고 알려졌다. 물리학자들은 수소 원자핵에는 **양성자**(proton), 중성입자에는 **중성자**(neutron)라는 이름을 붙였다.

앞에서 원자핵에 충격을 줄 때 전자가 방출되는 경우가 있다고 하였다. 이로부터 원자핵의 구성요소에 양성자와 중성자 외에 전자가 있어야 하지 않을까 하는 생각이 들게 되었다. 그러나 전자가 핵 속에 존재한다고 생각하는 데는 뒤에서 설명할 여러 가지 어려운 점이 따르기 때문에 전자는 사출될 때 창생(蒼生)되는 것이지 본래부터 핵 속에 존재해 있던 것은 아니라고 생각하게 되었다. 이리하여 우리는 현재 원자핵이 양성자와 중성자로 이루어져 있다고 생각하고 있다. 원자핵 중에서 수소 원자핵은 한 개의 양성자 바로 그것이라는 점에서 가장 간단한 구조의 핵이지만 처음부터 구조 같은 것을 가지고 있지 않았다 할 수 있다. 헬륨 원자핵은 두 개의 양성자와 두 개의 중성자 즉 네 개의 입자로 구성되어 있는 다소 복잡한 핵이다. 이 헬륨핵은 천연라듐으로부터도 방출되기 때문에 일찍부터 주목을 받아서 특히 α입자라는 이름을 얻었다. 더욱이 중수소(deuterium)의 발견으로 자연계에는 양성자 1개와 중성자 1개로 이루어져 있는 아주 간단한 원자핵도 존재한다는 사실이 밝혀졌다. 이 가장 간단한 원자핵들은 양성자와 중성자가 어떤 법칙에 따라 서로 끌어당겨 핵을 형성하는가를 규명하는 데 있어서 아주 유력한 실마리를 제공하였다.

3. 양성자와 중성자 간의 힘 - 핵력

태양계에 있어서 태양과 행성들을 결합시키는 힘은 만유인력이며 이와 유사한 구조를 가지고 있는 원자에 있어서 원자핵과 전자들을 결합시키는 힘은 전기적 인력이다. 이 힘들은 모두 두 입체 간의 거리의 제곱에 반비례하는 세기로 작용한다. 그렇다면 원자핵 안에서 양성자와 중성자를 결합시키고 있는 힘은 어떠한 것일까? 중성자는 대전입자가 아니므로 그 힘이 전기력일 수는 없고 만유인력으로 생각하여도 이 힘은 너무 작아서 문제가 되지를 않는다. 그렇지만 중수소핵(deuteron)은 양성자와 중성자가 결합해서 이루어진 것이므로 이 둘 사이에는 인력이 작용하지 않으면 안 된다.

그런데 이 인력의 〈크기〉는 중수소핵 결합력의 세기, 즉 중수소핵을 양성자와 중성자로 분리시키는 데 필요한 에너지와 관계된다. 이 중수소핵의 결합에너지는 여러 가지 실험 방법으로 구할 수 있고 그 값으로부터 이론적으로 이 인력의 크기를 추정할 수 있다.

그런데 이 인력이 거리의 제곱에 반비례한다고 가정하면 실험과 들어맞지 않는 점이 많다. 이것을 규명하려면 양성자에 중성자를 입사시켜 양성자가 어떤 식으로 산란되어 나오는가를 살펴보는 실험을 해 보면 된다. 양성자가 어떤 방향으로 얼마만큼 산란되어 나오는가 하는 것은 이 두 입자 간에 작용하는 힘이 거리의 제곱에 반비례하는가, 하지 않는가에 관계가 있다. 힘이 역(逆)제곱법칙에 따른다면 이 실험 결과는 러더퍼드 공식*(Rutherford's formula)으로 표시되어야 하며 실제의 결과는 그렇지가 않다. 따라서 양성자와 중성자 사이의 힘은 역제곱 법칙에 따르지 않음을 알 수 있다. 또 중성자가 물질 속을 잘 통과하는 점을 보아도 비슷한 결론을 내릴 수 있다. 중수소핵의 결합에너지로부터 추정되는 힘은 대단히 강해야 할 것이다. 만일 그것이 역제곱 법칙에 따른다면 두 개의 양성자들 사이에 작용하는 전기력보다도 훨씬 강한 힘이 중성자와 양성자 사이에 작용해야 하기 때문에 중성자는 양성자보다도 물질 속에서 그의 진로를 크게 영향받게 되어 물질을 투과하는 능력이 작아야 한다. 그러나 이것은 사실과 다르다. 양성자와 중성자 사이에 그러한 강한 힘이 작용하는데도 중성자가 물질을 잘 투과한다는 사실은 두 개의 입자가 아주 가까이 있을 때만 둘 사이에

---

*역자 주: 두 입자 사이에 작용하는 힘이 거리의 제곱에 반비례하는 경우 한 입자의 입사방향에서…θ만큼 산란될 확률이 $\sin^4\frac{\theta}{2}$에 반비례한다는 법칙, 러더퍼드(Ernest Rutherford, 1871~1937)가 α입자의 산란에 관한 연구 중에서 처음으로 유도해 낸 것으로 원자핵 발견의 관건이 된 공식이다.

힘이 작용한다고 생각하지 않으면 설명이 되지 않는다. 앞에서 말한 중성자를 양성자에 산란시키는 실험에서도 마찬가지 결론이 얻어지고 따라서 두 입자가 0.000000000002㎝ 정도의 거리에까지 접근했을 때 비로소 이 힘이 작용한다는 결론이 얻어진다. 그리고 이 힘의 크기는 약 300t 정도이다. 이와 같은 힘은 양성자와 양성자 사이에도 작용한다. 이 사실은 양성자를 양성자에 산란시킬 때 튀어나오는 양성자의 상태를 조사해 보면 알 수 있다. 산란되는 양성자의 에너지가 작으면 전기적 반발력 때문에 두 양성자가 가까이 접근할 수 없다. 따라서 두 양성자들 간에는 전기력만이 작용할 뿐이며 실험 결과는 러더퍼드 공식으로 나타낼 수 있다. 에너지가 충분히 커서 전기적 반발력을 극복하여 두 양성자가 충분히 접근할 수 있게 되면, 전기력 외에 이 새로운 힘이 작용하기 시작하므로 실험 결과는 러더퍼드 공식과 달라질 것이다.

이 차이가 나타나기 시작하는 에너지로부터 이 힘이 작용하기 시작하는 거리를 구할 수 있고 그 달라지는 정도로부터 이 힘의 크기를 알아 낼 수 있다.

두 중성자 간에도 이와 마찬가지 힘이 작용한다는 사실에 대한 직접적인 증거는 없지만 이를 뒷받침하는 간접적인 증거는 얼마든지 있다. 물리학자들은 이 힘을 **핵력**(nuclear force)이라 부른다.

4. 원자핵의 구조

핵력이 입자 간의 거리에 어떻게 관계하는지 현재로는 실험으로 밝혀져 있지는 않으나 핵력의 대략적인 크기와 도달거리는 알려져 있으므로 원자핵의 구조는 양자역학에 의해 이론적으로 정밀히 규명될 수 있다. 실제로 중수소, 헬륨 등의 가벼운 원자핵의 구조는 그런 방법에 의해 상당히 규명되어 있고 또 이론과 여러 실험 결과가 잘 들어맞고 있다. 그러나 원자핵의 구조는 매우 복잡하여 그에 대한 정량적인 이론적 연구는 대단히 어렵다. 원자의 구조는 작은 태양계에 비유할 수 있는 단순하고 아름다운 것이었지만 원자핵의 구조는 그것과 유사성이 전혀 없다고 해도 과언이 아니다.

원자핵과 원자 구조상의 두드러진 차이점은 원자핵이 원자보다 훨씬 밀도가 크다는 사실이다. 원자 상호 간에 있어서는 거의 절대적인 불가입성이 내재해 있지만 그 구성성분인 전자나 원자핵 그리고 헬륨 원자핵이나 양성자 등은 마치 행성 사이를 통과하는 혜성들처럼 원자 속을 쉽게 투과할 수 있다. 원자에는 공간이 많다. 이에 반해 원자핵에 중성자를 산란시키는 실험 등으로부터 추정되는 것 같이 원자핵에 충돌한 중성자는 거의 언제나 원자핵 속에 한 번은 포획되어 버린다. 그러므로 원자핵의 구조에는 원자의 구조만큼 공간이 많지는 않다.

원자핵이 원자와 다른 또 한 가지 사실은 어느 원자나 크기가 대략 일정한 데 반해 원자핵의 크기는 질량에 비례한다는 사실이다.

이런 점으로 보아 원자핵은 결국 양성자와 중성자가 가까이 있을 때에만 작용하는 〈핵력〉에 의해 형성된 크기가 무게에 비례하는 조밀한 덩어리라고 생각된다. 양성자와 중성자 하나하나의 운동은 극히 복잡하고 불규칙적이어서 이론적으로 연구하기가 어렵다. 그러나 이러한 입자들의 성질은 우리들이 흔히 보는 물방울의 성질을 고찰하여 유추해 낼 수 있다. 왜냐하면 위에 나온 〈원자핵〉이라는 말을 〈물방울〉이라는 말로, 〈양성자〉와 〈중성자〉라는 말을 〈분자〉라는 말로, 〈핵력〉을 〈분자력〉이라는 말로 각각 바꾸어 놓을 경우에도 여전히 타당하기 때문이다. 좀 더 정확히 말하자면 원자핵은 밀도가 극히 크고 점성이 매우 강한 미소한 액체방울과 흡사하다고 말할 수 있다.

물방울은 표면장력 때문에 둥근 형태를 지니는데 이 점은 원자핵에 있어서도 비슷하다. 다만 물방울은 보통의 액체와 달리 전기를 띠고 있다. 따라서 핵액의 경우에는 응집력 외에 액체의 각 부분을 가능한 한 격리시키려는 전기적 반발력이 작용한다. Z가 작은 원자핵은 전하량이 적으므로 전기력도 큰 역할을 하지 못하지만 Z가 큰 원자핵에 있어서는 이 전기력이 표면장력보다도 커지고 그 결과 핵액은 분열되기 쉽다. 이론적인 계산에 의하면 바로 이 효과 때문에 Z가 100 이상 되는 원자핵은 자연 상태로 존재할 수 없다. Z가 이보다 약간 작아서 전기력이 그다지 크지 않을 경우라면 그런 핵액이 존재할 수 있기는 하지만 극히 불안정하므로 약간만 변형이 되어도 곧 분열을 일으킨다. 이 사실은 뒤에서 언급할 **핵분열**(nuclear fission)이라는 현상과 관계가 있다.

5. 핵액의 온도, 핵반응 기구

점성이 있는 액체에 탄환을 발사하면 탄환이 포획되어 액체가 뜨거워진다. 이것은 탄환의 에너지가 액체분자들에 분배되어 열에너지로 전환되기 때문이다. 이와 비슷하게 원자핵에 중성자를 입사시켜 보면 중성자는 핵 속에 포획되어, 갖고 있던

16

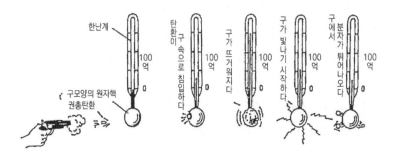

〈그림 1-1〉 (1) 핵액의 방울에 총알을 쏜다 (2) 총알이 핵액에 들어가면 방울의 온도가 올라가기 시작한다 (3) 뜨거운 복합액이 생긴다 (4) 복합액은 증발하여 양성자나 중성자를 방출하거나 빛을 발사하고 냉각된다

에너지를 원자핵 속의 수많은 양성자와 중성자들에 분배해 주어 그들의 운동을 왕성하게 한다. 이것은 핵액의 온도가 상승했음을 의미한다.

가열된 액체분자들이 충돌할 때마다 에너지를 주고받으면서 복잡하고 불규칙적인 운동을 계속할지라도 그러는 동안에 우연히 한 분자에 많은 에너지가 모이게 되는 수가 있다. 충분한 에너지를 얻은 분자는 액체 표면의 응집력을 극복하고 밖으로 튀어나오게 되는데 이것이 바로 액체의 증발현상이다. 가열된 원자핵 속에서도 증발과 비슷한 현상이 일어나서 밖으로 중성자와 양성자가 방출된다. 이 경우 에너지가 하나의 중성자에 모이는 대신 교묘하게 두 개의 중성자와 양성자에 모이면(이들만이 핵액 속에서 잘 결합하는 경향이 있다) 핵액 밖으로 α입자가 방출된다.

또한 가열된 액체가 열선을, 고온의 물체가 빛을 발산하는 것처럼 가열된 원자핵은 Υ선을 복사하기도 한다. 액체가 증발이나 복사에 의해서 냉각되는 것처럼 원자핵도 이들을 방출함과 동시에 냉각되어 버린다.

원자핵을 인공적으로 변환시키는 핵반응이란 거의 이런 과정을 통해서 이루어진다. 한 예로 원자핵에 중성자를 입사시키는 경우, 중성자는 원자핵에 포획되어 일단 뜨거운 **복합핵**을 만든다. 이 복합핵은 고온이므로 증발을 일으켜서 중성자를 방출하기도 하고 양성자 또는 입자를 방출하기도 하고 ϒ선을 방사하기도 한다. 대개의 경우 단 하나의 입자를 증발시키기만 해도 핵은 냉각되어 버리지만, 입사중성자의 에너지가 아주 큰 경우, 핵은 바로 냉각되지 않고 여러 개의 입자를 잇달아 방출하는 경우도 있다(그림 1-1).

원자핵의 구조는 이와 같이 아주 복잡하므로 비열, 엔트로피(entropy) 등의 열역학적인 개념과 증발, 핵전도, 점성 등의 분자운동론적(分子運動論的)인 개념을 적용하여 물리학자들은 원자핵을 이론적으로 연구한다. 다만 핵액 한 방울에는 보통의 액체방울에 비해 분자 수가 비교도 안 될 만큼 적다는 사실을 잊어서는 안 된다. 보통의 액체 한 방울 속의 분자 수는 대체로 23자리 숫자로 표시되지만 핵액 한 방울 속의 중성자나 양성자의 수는 기껏해야 세 자리 숫자로 표시될 뿐이다. 이런 까닭으로 핵액 한 방울은 열역학 제2법칙이 지배하는 보통의 액체방울과 다르다. 이 법칙에 의하면 열에너지가 저절로 역학적 에너지로 전환되는 일이 있을 수 없다. 그러나 이 법칙은 물질이 어마어마하게 많은 수의 분자들로 구성되어 있다는 사실을 전제로 한 것이기 때문에 적은 수의 분자들만을 포함하고 있는 핵액 한 방울의 경우에는 이런 일도 때때로 일어날 수 있다.

18

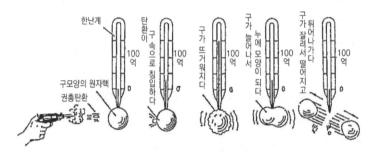

〈그림 1-2〉 ⑴ 큰 핵액의 방울에 총알을 쏜다 ⑵ 총알이 핵액에 들어가면
온도가 오르기 시작한다 ⑶ 뜨거운 복합액이 생긴다 ⑷ 복합액
의 모양이 일그러진다 ⑸ 복합액은 2개로 쪼개져 멀어진다

즉 핵액에서는 가열된 열에너지가 역학적 에너지로 변환되어
구형인 핵의 모양을 일그러뜨리는 경우가 있다. 이때 Z가 큰
원자핵인 경우에는 앞 절의 끝에서 말한 원인 때문에 핵액이
나누어진다. 이것이 이른바 핵분열이라는 현상인데 실제로 중
성자를 충돌시키면 우라늄핵은 때때로 두 개로 분열된다(그림
1-2).
　원자핵에 중성자 대신 양성자나 α입자 또는 중수소핵을 충돌
시켜서 핵반응을 일으킬 수도 있다. 그러나 이 입자들은 대전
입자들이므로 충분한 에너지를 갖지 않으면 원자핵의 전기적
반발력 때문에 원자핵에 접근할 수 없다. 따라서 이들은 핵을
공격하는 탄환으로서는 중성자만큼 유력하지 못하다. 원자핵은
이들 대전입자에 대하여 전기적인 장벽(barrier)을 구축해서 스
스로를 보호하고 있지만 이 장벽도 중성자에 대해서는 무력하
다. 핵액을 가열하는 데에는 ϒ선을 사용해도 되는데 이것은 액
체를 가열할 때 복사열을 이용할 수 있는 것과 비슷하다. 이

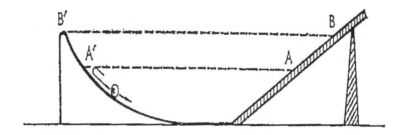

〈그림 1-3(A)〉 경사면 A에서 굴러 내린 구는 에너지가 불충분하기 때문에
장벽의 A지점에 이르러 멈춰 버린다. 방벽을 넘어서기 위해
서는 B보다 높은 지점에서 굴러내려야 한다

경우에도 장벽은 무력하지만 원자핵은 복사에 대해서 흑체
(black body)가 아니므로 이것은 효율이 나쁜 방법이다. 끝으로
핵액이 대체 어느 정도로 고온인가에 대한 이야기를 해보자.
보통 원자핵의 온도를 0도라 하면 실험실에서 쉽게 얻을 수 있
는 정도의 에너지를 갖는 중성자의 충돌을 받은 원자핵은 100
억 도 정도로 가열된다.

6. 터널효과와 공명

지금까지 고전역학이론을 바탕으로 입자를 고찰해 왔다. 그
러나 이 고전역학의 적용에는 좀 더 정밀을 기할 필요가 있다.
양자역학에 의하면 입자는 파동성을 지닌다. 이때 파의 파장은
입자의 운동량에 반비례하는데 이 파장이 작을 경우에는 입자
에 대해서도 비슷하게나마 고전역학이 적용될 수 있다. 그러나
핵물리학에서 취급하는 양성자나 중성자의 파장은 0.0000000
000001㎝ 정도보다 크다. 이것은 대략 원자핵의 크기 정도이지
만 속도가 작은 입자에 대해서는 이보다 크므로 파동성은 매우

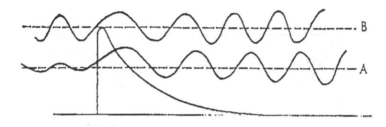

〈그림 1-3(B)〉 A에서 굴러 내린 구에 대응하는 파동은 장벽 바깥쪽으로 진
폭이 작은 파로 새어 나간다. B에서 굴러 내린 구에 대응하
는 파동은 상당한 부분이 장벽을 새어 나간다

중요한 역할을 한다.

원자핵의 주위에는 장벽이 구축되어 있기 때문에 양성자나 α
입자 등은 충분한 에너지를 갖지 않는 한 이 장벽을 뛰어넘을
수가 없다(〈그림 1-3(A)〉 참조).

그렇지만 파동역학에 따라 양성자나 α입자를 파동으로 간주
하면 파장이 장벽의 두께 정도 또는 그보다 클 경우 이 파의
약간은 장벽 건너 쪽으로 전진해 간다(〈그림 1-3(B)〉 참조).

이것은 빛을 반사하는 금속의 두께가 금박과 같이 빛의 파장
정도가 되면 광파를 약간은 투과시키기 때문에 우리가 금박을
통해서 건너편을 볼 수 있는 것과 비슷하다. 그러므로 장벽을
넘어가기에 불충분한 에너지를 갖는 양성자나 ϒ선도 약간의 핵
반응을 일으킬 수 있다. 또한 고온의 복합액에서 증발한 양성자
나 α입자는 장벽의 안쪽으로부터 밖으로 넘어가는 데 필요한
에너지를 갖지 않을 때에도 약간은 장벽을 뚫고 밖으로 새어
나간다. 이러한 현상을 터널효과(tunnel effect)라고 부른다.

다음으로 중요한 파동적인 현상은 핵반응 때 일어나는 공명

(resonance)이다. 핵에 충돌한 중성자, 양성자 또는 α입자 등은 핵에 포획되어 복합액을 만든다. 이 경우, 양자역학에 의하면 복합액은 모든 에너지를 연속적으로 취할 수는 없고 에너지 준위(energy level)라 일컬어지는 계속적인 값만의 에너지를 취할 수 있다. 파동역학에 따르면 각기 에너지 준위에 속해 있는 핵은 진동체의 고유진동과 유사한 성질을 가지며 각각의 준위는 특유한 진동수를 갖는다.

따라서 중성자나 어떤 파가 원자핵 밖으로부터 도달할 때 그 파의 진동수가 이 복합액의 진동수와 일치할 경우에는 마치 라디오가 외부 전파에 동조되어 있을 때 공명해 전파를 특히 강하게 흡수하는 것처럼 이 중성자도 원자핵에 두드러지게 잘 포획된다.

이 때문에 한 원자핵에 밖으로부터 여러 가지 에너지를 갖는 입자들이 입사될 때 어느 특별한 에너지를 갖는 입자가 두드러진 핵반응을 일으키기도 하며, 일정한 에너지의 중성자나 α입자를 여러 가지 원자핵들에 충돌시켜 보면 그중 특별한 것만이 특히 강한 반응을 보인다. 느린 중성자가 카드뮴(cadmium, Cd)에 잘 흡수되는 것은 중성자와 카드뮴의 복합액이 파장 0.00000002㎝인 중성자파에 동조되어 있음을 보여주는 것이다. 또한 은의 복합액은 파장 0.0000000016㎝에 동조되어 있으므로 더 빠른 속도의 중성자와 반응을 잘 일으킨다. 이런 사실은 라디오가 뒤섞인 전파 가운데서 특정한 파장의 전파를 선택하는 것과 원리상으로는 동일하다.

7. β붕괴와 핵력장 - 중간자

방사성원자핵 중에는 전자 또는 전자의 형제 격인 양전자 (positron)를 방출하고 다른 원자핵으로 변환하는 것이 있다. 이 현상을 β붕괴라 부른다. 앞에서 말한 것 같이 전자(또는 양 전자, 이하 마찬가지)는 처음부터 핵 속에 존재해 있었다고 생각하 기 어렵다.

그 이유로는 여러 가지를 들 수 있겠지만, 전자처럼 가벼운 입자가 원자핵같이 협소한 장소에 갇혀 있으려면 아주 큰 결합 에너지와 강한 인력을 필요로 하는데, 전자와 원자핵은 서로 반응하는 일이 거의 없는 것으로 보아 그런 큰 힘이 전자와 원 자핵 사이에는 작용하지 않을 것이라는 점을 들 수 있다.

그러므로 전자는 처음부터 핵 속에 있었던 것이 아니라 새로 이 발생된 것으로 생각해야 한다. 원자가 빛을 내기도 하고 원 자핵이 γ선을 방출하기도 하는 것은 이들이 원자 또는 원자핵 속에 있었던 것이 아니라는 사실과 흡사하다. 이 유체는 양자 역학에서와 같이 전자를 파동이라 생각하고, 빛이나 γ선을 광 전자(또는 광자, photon)라 생각하면 무리가 없어진다. 원자나 원자핵이 상태가 변화할 때 에테르(ether, 전자기장)에 파가 발 생해서 곧 광양자가 방출되는 것처럼, 핵의 상태가 변할 때 〈전자파장〉에서 파가 발생하여 즉시 전자가 방출된다.

양자역학에 의하면 입자는 파동성을 지닌다. 어떤 입자의 운 동현상은 각 입자에 대응하는 〈장〉에서 발생하는 파동현상으로 생각할 수 있고, 거꾸로도 생각할 수 있다. 그런데 행성들 사이 에 작용하는 힘은 만유인력이고, 원자 속에서 작용하는 힘은 전기력이다. 이 힘들은 각각 만유인력장, 전자기장을 통해 작용한다.

상대성이론에 따르면 물체는 멀리 떨어져 있던 물체에 직접 힘을 작용하는 것이 아니라, 항상 하나의 물체의 존재로 인해 그 부근 장의 상태가 먼저 변화하고, 그 변화가 점점 장 속으로 전파되어 다른 물체에 작용한다는 것이다. 따라서 핵력이라는 힘에도 그와 같은 전달하는 장이 있을 것이다.

원자가 전자기파를 발생시키는 것같이 원자핵은 β붕괴 때에 전자파를 발생하는 것으로 보아, 핵력장은 곧 전자파장이 아니겠는가? 그러나 이렇게 생각해서는 잘 들어맞지 않는 점이 있으므로 핵력장은 전자파장과 구별해서 생각해야 한다. 우리는 최초로 이 장을 제창한 사람의 이름을 따서 **유가와장***이라 부른다. 장의 파동현상이 입자의 운동현상으로 해석될 수 있다면 이 유가와장에 대응해서 **유콘**(유가와 입자)이 존재해야 할 것이다.

핵력은 역제곱 법칙에 따르지 않으며, 도달거리가 극히 작다. 따라서 유가와장의 성질은 만유인력장이나 전자기장과 약간 다른 점이 있어야 한다.

이 이론을 여기에서 다 설명할 수는 없지만, 이 장의 특이한 성질로 볼 때 유가와 입자는 만유인력장의 입자나 광양자와는 달리 무게가 있고 또 양, 음의 전기를 띠고 있다는 결론에 도달한다. 일반적으로 장을 매개로 해서 작용하는 힘의 도달거리와 그 장에 속하는 입자의 질량 사이에는 다음과 같은 반비례

---

*유가와 히데키(1907~1981) 박사는 1935년 이 중간자이론을 발표하였는데 이 업적으로 1949년 노벨물리학상을 수상하였다. 이 책의 저자 도모나가 박사와는 제3고등학교 대학, 동기 동창이다.

24

관계가 있다.

$$무게(g) = \frac{0.00000000000000000000000000000000000035}{도달거리\,(cm)} I$$

이 식에 따르면 유가와 입자는 전자의 약 200배, 그리고 양성자의 약 1/10 정도의 질량을 갖는다.

이 입자가 실제로 발견된 것은 유가와 이론이 발표된 지 1년 만이다. 지상에 도달하는 우주선에서 고속도로 쏟아지는 유콘이 발견된 것이다. 이 입자는 지금은 중간자(meson)라 불린다.

중간자는 불안정하므로 전자를 방출하고 곧 소멸한다. 이것은 우주선의 관측을 통해 확인할 수 있는 것으로 원자핵의 붕괴와 밀접한 관련이 있다.

즉 전자를 방출한다는 사실로부터 중간자는 전자장에 파를 발생시키고 소멸한다고 생각할 수 있지만 한편으론 원자핵 속의 양성자나 중성자의 상태 변화에 대응해서 원자핵 내부에서 생성, 소멸하는 것으로도 생각할 수 있기 때문에, 결국 원자핵의 상태 변화에 대응해서 전자가 방출한다고 말할 수 있다.

끝으로 β붕괴 문제는 앞 절에서 다루었던 문제들과 달리 중간자 문제와 더불어 현재의 양자역학이 적용되는 범위를 넘어서는 것 같다는 사실을 말하고 이 절을 마치기로 한다. 원자의 구조를 논하는 데 있어서 고전역학으로는 불충분하고 양자역학이 필요했던 것처럼 이 문제들에 있어서는 양자역학만으로는 불충분하고 어떤 새로운 이론이 요구된다.

[추가] 유가와 이론을 여기에서 자세히 기술할 수는 없겠지만 다음과 같은 설명이 이해에 다소 도움이 될지도 모르겠다.

앞에서 핵력은 양성자와 중성자가 아주 가까이 있을 때만 작용한다고 말했다. 이 점에 있어 핵력은 분자력과 흡사하지만, 한편으론 원자들 사이의 〈원자가힘(valence force)〉과 같은 성질을 지니고 있다. 즉 핵력은 작용하는 상대가 몇 개 이상이 되면 그 이상 증가하는 상대에 대해서는 작용을 하지 않는다(원자가힘에 바로 이런 성질이 있다). 이를테면 탄소원자는 4개 이상의 수소원자와는 결합하는 일이 없는데, 이는 하나의 탄소원자가 수소원자 4개만 잡아당기면 더 이상 수소원자를 가까이 가져가도 그것에 힘을 작용하지 않기 때문이다. 이런 성질을 갖는 힘을 포화력이라 부른다.

핵력이 포화성을 갖는다는 사실은 원자핵의 크기가 핵자(nucleon)들의 수(따라서 핵의 질량)에 비례한다는 것을 설명하는 데 필요하다. 핵력에 이 포화성이 없다면 핵자들은 수가 증가함에 따라 더욱 밀접하게 되고, 따라서 원자핵의 크기와 핵자의 수는 비례하지 않게 된다.

이와 같이 포화성을 갖는 힘은 분자력에 비유해 보면 분명한 것처럼 이른바 교환력이라 생각할 수 있다. 교환력이란 서로 작용하는 입자의 상태가 변화하기 때문에 발생하는 힘이다. 화학에서 말하는 〈원자가힘〉이란 두 개의 원자가 서로의 〈원자가전자〉를 끊임없이 교환함으로써 발생되는 힘을 말한다. 이 유추로 하이젠베르크(Werner Karl Heisenberg, 1901~1976)는 양성자와 중성자는 서로 교환될 수 있으며, 더욱이 원자핵 속에서 양성자와 중성자는 서로 그들의 전하를 교환함으로써 양성자가 중성자로, 중성자는 양성자로 변환되는 과정들이 끊임없이 반복되므로 힘이 작용되는 것이라고 생각했다.

그런데 상대성이론의 요구에 따르면 힘은 어떤 장을 매개로 전달된다는 사실을 앞에서 말했었다. 이를테면 두 전하들 간에 힘이 작용한다는 것은 한 전하의 존재가 먼저 그 주위의 전자 기장을 변화시키고 그 변화가 광속도로 전파되어 결국 다른 전하가 존재하는 장소에 도달해서, 그 전하에 간접적으로 힘이 작용되는 것이다. 이를 양자론적으로 취급하려면 먼저 장을 양자론적으로 생각해야 한다. 일반적인 양자론의 결론에 따르면, 양자론적으로 생각한 장에서 일어나는 현상은 양자력인 입자의 운동현상과 똑같아서 장에서 일어나는 현상을 입자의 운동현상으로 바꾸어 생각할 수 있다. 이런 견해에 의하면, 두 개의 입자의 상호작용은 입자가 중간단계로 그 힘을 매개하는 입자를 방출하고, 다른 입자가 그것을 받아들임으로써 이루어진다는 것이다. 예컨대 전기적인 힘은 하나의 입자가 중간단계로 광자 (광양자)를 방출하고 그것을 다른 입자가 받아들임으로써 작용되고, 원자가힘은 한 원자와 다른 원자 사이에 중간단계로 원자가전자가 왕복함으로써 작용되는 것이다. 여기서 〈중간단계로〉란 말을 사용한 것은, 이런 방출이 진정한 의미의 방출이 아니라 고전적인 입자상에서는 에너지의 부족 때문에 방출이 허용될 수 없는 현상임을 강조하기 위해서이다. 사실 이런 현상은 양자적인 입자이기 때문에 비로소 가능해지는 것이다. 즉 불확정성원리에 의하여 양자적인 입자의 에너지(E)는 그 입자가 외부에 존재하는 시간(T)과

$$E \cdot T \approx h \quad (1)$$

의 관계를 가지며 T만큼의 시간적 여유가 있기 때문에 고전적

으로는 에너지가 부족한 경우라도 어떤 한정된 시간만큼은 외부에 존재하는 것이 허용되는 것이다(여기에서 h는 플랑크상수). 이 매개입자의 아이디어와 하이젠베르크의 가설을 결합하며 양성자는 어떤 대전입자를 중간단계로 방출하고 자신은 전하를 잃어 중성자로 변화하는 일이 있을 것 같다는 추측이 나온다. 이때 그 양성자 가까이에 다른 중성자가 존재하지 않는다면 이 입자는 대략 (1)식으로 주어지는 시간이 경과하면 다시 흡수되어, 중성자로 변한 양성자는 본래의 양성자로 환원될 것이다. 이때 만일 가까운 곳에 다른 중성자가 존재한다면 이 매개입자는 본래 상태로 돌아가지 않고 그 중성자에 흡수되기도 한다. 이때는 이 중성자와 본래의 양성자는 그 상태를 교환한 셈이 되고 이로써 교환력이 작용하게 된다.

그런데 앞에서도 말했던 것처럼 하이젠베르크의 가설에 뒤이어 이 매개입자가 전자일 것이라는 가설이 페르미(Enrico Fermi, 1901~1954)에 의해서 처음으로 도입되었다. 즉 양성자는 전자를 방출해서 중성자로 변한다는 가설이다. 이 경우 전자를 방출하기 위해서 고전론적으로 필요한 만큼의 에너지가 원자핵 속의 양성자나 중성자의 상태 변화에 의해 공급된다면, 이 방출은 중간단계가 아닌 진정한 의미의 방출이 된다. 이것이 바로 원자핵의 β붕괴라 하는 것이 아주 자연스럽기 때문에 원자핵에 β방사능이 존재한다는 사실은 하이젠베르크의 가설에 나타난 매개입자가 전자임을 뒷받침하는 것처럼 보인다. 그러나 이 페르미 가설을 정량적으로 발전시켜 보면 β붕괴와 핵력을 동시에 설명하는 것은 불가능하다. 따라서 핵력의 매개입자와 β붕괴 때에 방출되는 입자를 별개의 것으로 생각해야 한다. 지금 이 핵력의 매개입자의 질량을 μ라 가정하자. 그러면 이 입자가 발생되기 위해서는 상대율의 질량-에너지의 관계에 의해서 적어도 μc^2만큼의 에너지가 필요하다. 여기서 c는 광속도이다. 원자핵 속에 있는 양성자나 중성자의 운동 상태의 변화에 의해서 공급될 수 있는 에너지는 100만 전자볼트(eV) 정도이니까 진정한 의미에서 이런 매개입자가 핵 밖으로 방출될 수는 없다. 그러므로 이 입자가 원자핵의 변환 때에 실험적으로 발견되지 않는다 해서 이 가설을 반박할 수는 없다. 그런데 그 경우 (1)식의 관계를 이용하면, 이 입자는

$$T \approx \frac{h}{\mu c^2} \quad (2)$$

시간 동안 중간단계로 존재할 수 있게 되지만 이 동안 그 입자는 고작

$$\ell \approx c \cdot T = \frac{h}{\mu c} \quad (3)$$

의 거리밖에 도달할 수 없다. 그러므로 양성자가 존재한다면 이 매개입자는 그 양성자 주위의 ℓ가 되는 거리 안에서만 존재할 수 있게 된다. 따라서 만일 μ가 충분히 커서 ℓ가 원자핵 반지름보다 작으면 원자핵 밖에서 이 입자를 발견할 수 없다는 사실은 이상할 것이 없다. 뿐만 아니라 이 사실은 핵력의 도달 범위가 10^{13} ㎝ 정도에 지나지 않는다는 설명과도 일치한다. 즉 양성자와 중성자 사이의 거리가 ℓ보다 크면 양성자로부터 방출된 입자가 중성자에까지 도달할 수 없으므로 이 둘 사이에 매개입자의 교환이 일어날 수 없고 따라서 이 둘 상호 간에 아

무런 작용이 일어날 수 없다. $l=10^{13}\,\text{cm}$라는 값을 근거로 해서 이 매개입자의 질량을 추정할 수 있다. 그러면 (3)식으로부터 μ 의 값이 대략 전자 질량의 200배 정도임을 알 수 있다.

II. 소립자는 입자인가?

1. 소립자는 보통 입자와 비슷한가?

모든 물질은 원자들로 구성되어 있다. 그리고 우리 눈에 보이고 손에 감촉되는 물질의 성질은 이 원자들이 이합집산, 결합의 방식 등에 의해 결정된다는 것이 그리스 시대부터 생각되어 온 원자관이다. 이 원자관은 거의 그대로의 형태로 물리학에 전수되었으나 다만 누적된 실종과 수학적인 정밀화를 통하여 전(前) 세기의 물리학으로 발전되었다. 그런데 금세기에 들어서자 이 원자가 다시 여러 가지 소립자들(elementary particles)로 구성되어 있다는 사실이 밝혀졌다. 즉 모든 물질은 전자, 양성자, 중성자, 중간자 등의 소립자들로 구성되어 있다는 것이다. 그러나 이 입자들을 우리가 흔히 입자라고 부르는 것, 이를테면 쌀알이나 쇠구슬 같은 것이 축소된 것으로 생각해도 무방할까? 앞에서 말한 것 같이 우리의 눈에 보이고 손에 감촉되는 물체들의 여러 성질들, 이를테면 빛깔이나 온도 또는 견고성, 유연성 등은 이 소립자들의 이합집산, 결합의 형태 등에 관계되므로 이 소립자들 자체가 빛깔도 없고 온도도 없고 견고성, 유연성 등의 성질도 갖지 않을 것임은 말할 것도 없다. 바꾸어 말하면 **소립자란 이러이러한 빛깔을 갖고 이러이러한 온도를 갖는다는 문장의 주어는 될 수 없는 것이다.** 그러나 빛깔이나 온도 등의 성질을 뽑아낸다면 이들을 보통의 입자와 유사한 것으로 생각해도 좋을까? 이를테면 공간 안에 위치를 점유하고 있다거나, 어떤 속도로 운동하고 있다거나, 또는 하나, 둘 셀 수 있다는 등의 성질은 쌀알이나 쇠구슬과 마찬가지로 소립자도 갖고 있다고 생각해도 좋을까? 고대 원자론에서 생각했던 원자는 실제로 그러한 것이었다. 그러나 현재의 소립자론에는 고대의 원자론과 흡사한 점이 있기는 하지만, 근본적으로 소립자가 그러한 것이 아니라는 사실을 깨달았다는 데 차이점이 있다. **소립자가 보통의 입자와 비슷한 점도 있지만 전혀 다른 점도 있다는 것이다.**

소립자가 가진 보통의 입자와 비슷한 점들과 비슷하지 않은 점들을 하나하나 이야기해 가기로 하자.

2. 소립자는 하나, 둘 셀 수 있다

우선 소립자는 하나, 둘 셀 수 있다는 점에서 보통의 입자와 비슷하다.

실제로 소립자를 셀 수 있는 방법이 있다. 예를 들면 텔레비전에 쓰이는 형광판 같은 장치는 전자가 그것에 부딪칠 때 빛을 내는 성질을 지니고 있다. 따라서 이것에 아주 미약한 전자의 흐름을 보내면, 형광판의 이곳저곳에서 반짝반짝 빛이 난다. 이렇게 빛을 내는 것은 바로 그 순간 그 지점에 전자가 도달했음을 뜻한다. 따라서 이 실험으로 형광판에 도달하는 전자를 하나, 둘 셀 수 있다. **수를 셀 수 있다는 점은 전자가 보통의 입자와 비슷하다는 사실 중의 하나다.**

다음으로 빛을 생각해 보면 흔히 파동으로 여겨지고 있다. 그러나 **빛에도 전자와 비슷하게 하나, 둘 셀 수 있는 성질이 있다.** 빛이 이런 성질을 지닌다는 사실은 전세기의 물리학자들이 전혀 몰랐던 것으로 금세기의 대발견 중의 하나다. 금속 표면에 빛(자외선이나 X선)을 쪼일 때 전자가 튀어나오는 현상은 19세기부터 알려져 있었다. 그런데 이때 튀어나오는 전자에 대해서 다음과 같은 사실이 다시 발견되었다. 충분히 약한 광선을 금속에 쪼이면 금속면의 이곳저곳에서 전자가 툭툭 튀어나온다. 이때 단색광을 사용해서 실험을 해보면 튀어나오는 전자의 운동에너지는 빛의 세기에 관계가 없다. 따라서 아무리 약한 광선을 쬐더라도 전자의 운동에너지는 줄어들지 않으며, 그 크기는 빛의 색에 따라 결정되는 일정한 값을 지닌다. 이것은 빛의 에너지가 그 빛의 색에 따라서 결정되는 일정한 덩어리로 전자에 충돌한다는 사실을 의미한다. 예컨대 빨간색의 경우, 이 덩어리의 에너지는

0.0000000000026erg

이고 보라색의 에너지는

0.0000000000052erg

이다. 이 실험에서 튀어나온 전자의 수를 세어 봄으로써 그 빛의 에너지 덩어리를 셀 수 있다. 만일 빛의 간섭이나 회절 등의 실험을 모르는 사람이 이 실험만 한다면 그 사람은 빛이란 에너지 덩어리들이 흐르는 것이라고 생각할 수밖에 없다. 현대의 물리학자들의 견해에 따르면 **빛도 전자와 마찬가지로 입자와 비슷한 성질을 갖는 소립자들의 흐름이다.** 우리는 이 덩어리를 광자(또는 광양자)라 부른다. 결론적으로 광자는 하나, 둘 셀 수 있다는 점에서 보통의 입자와 비슷한 성질을 가진다.

다른 소립자들, 이를테면 양성자나 중성자 또는 중간자 등에 대해서도 사정은 이와 똑같다. 이 소립자들도 **셀 수 있다는 점**

에서 입자와 비슷한 성질을 가지고 있다.

3. 소립자 하나하나에는 자기동일성이 없다

앞에서 말한 것처럼, 소립자는 입자와 비슷한 성질을 가지고 있다 해도 보통의 입자와 동일한 성질의 것은 아니다. 즉 **소립자 하나하나는 자기동일성을 갖지 않는다는 점에서 입자와 다르다.** 편의상 쌀알 두 개가 있다고 하자. 이때 쌀알들은 각각 A쌀알, B쌀알로 구별할 수 있다. 즉 한쪽 쌀알에 철수라는 이름을 붙이고, 다른 쪽 쌀알에 명수라는 이름을 붙여서 그것들을 분간할 수 있다. 그리고 이 쌀알을 아무리 뒤섞어 놓아도, 철수는 언제나 철수이고 명수는 언제나 명수이다. 난해한 표현을 쓴다면 각각의 쌀알들은 자기동일성을 지니고 있다. 이때 각각의 쌀알들은 서로 비슷하다고 할지라도 어딘가 다른 점이 있을 테니까 우리는 이 차이점 때문에 철수와 명수를 혼동하는 일이 없다. 그러나 아주 동일한 모양을 한 쌀알들을 생각할 수도 있을 것이다. 사람들이 쌍둥이의 이름을 때때로 잘못 부르는 일이 있는 것처럼, 이 경우 어느 쪽이 철수이고 어느 쪽이 명수인가를 분간하지 못하는 수도 있을 것이다. 그러나 그것은 보는 사람에게 구별이 되지 않을 뿐이지 실제로 철수는 역시 철수이고, 명수는 역시 명수인 것이다. 이런 성질을 갖고 있는 것이 보통 입자이다. 이와 같이 보통의 입자는 하나하나가 자기동일성을 갖고 있다. 그런데 두 광자의 경우에는 사정이 다르다. 즉 **두 광자의 경우 한쪽이 철수이고 다른 한쪽이 명수라는 식의 구별은 전혀 불가능하다.** 소립자란 물질의 궁극적인 요소이며 같은 종류의 소립자 어느 두 개를 택하더라도 동일한 조롱박 두 개와 같은 성질을 지니고 있다. 따라서 아주 똑같은 용모를 한 쌍둥이의 경우처럼, 이름을 붙여 놓을지라도 보는 사람에게 전혀 구별되지 않을 것이다. 더욱이 두 소립자의 경우는 보는 사람에게 구별이 되지 않을 뿐 아니라 그 구별을 생각한다는 사실 자체가 원칙적으로 불가능하다. 즉 소립자는 자기동일성을 갖지 않는다.

실제 실험에서도 이 사실이 발견된다. 그것은 소립자들의 집합이 드러내는 통계적 성질을 조사해 보면 된다. 이런 통계적 논의에는 확률론이 사용된다. 이 확률을 계산할 때 입자가 자기동일성을 갖는지, 안 갖는지에 따라서 상이한 결과가 얻어진다. 간단한 예로 두 개의 상자(그것들을 각각 A, B라고 부르자) 속에 〈임의로〉 두 개의 입자를 집어넣는 실험을 행한다고 하자. 이런 실험을 수없이 반복할 때 어떤 때에는 두 입자가 모두 A상자에 들어가기도 하고 또 어떤 때에는 둘 다 B상자 속으로 들어가기도 할 것이다. 그리고 또 두 상자에 입자가 하나씩 들어가는 경우도 있을 것이다. 이때 두 입자가 전부 A상자에 들어가는 것은 집어넣은 전체 횟수의 몇 분의 1인가? 또한 둘 다 B상자에 들어가는 것은 전체의 몇 분의 1인가? 그리고 두 입자 중의 하나가 A, 다른 하나가 B 속으로 들어가는 것은 전체의 몇 분의 1이 될까? 이런 것을 확률론에서는 다음과 같이 계산한다. 즉 각각의 경우에 대해 일어날 방법이 몇 가지가 되는지 계산하고 그것을 일어날 총 방법 수로 나누어서 각각의 경우에 대한 확률을 계산한다. 이 간단한 예제에서 두 입자를 모두 A상자에 넣는 방법이 한 가지, 두 입자를 모두 B상자에 넣는 방법도 한 가지, 또한 두 입자를 A, B에 하나씩 넣는 방법은 두 가지임은 곧 알 수 있다. 마지막의 경우가 두 가지인 것은 철수를 A에 넣고 명수를 B에 넣는 방법과 철수와 명수를 바꿔서 명수를 A에 넣고 철수를 B에 넣는 방법을 합했기 때문이다. 두 입자를 두 개의 상자에 넣는 총 방법 수는 합해서 모두 네 가지이다. 두 개의 입자가 둘 다 A에 들어갈 방법은 한 가지였으므로 확률은 1/4이다. 두 개의 입자가 전부 B에 들어갈 확률도 마찬가지로 1/4이고 두 개의 입자를 A, B에 하나씩 넣는 방법은 두 가지였으므로 확률은 1/2이 된다. 이상의 결과로 미루어, 앞에서 말한 실험을 가령 1,000회 반복한다면 그중 약 250회는 두 입자가 전부 A상자 속으로 들어갈 것이고, 약 250회는 두 개 모두 B상자에 들어갈 것이며, 나머지 약 500회는 두 입자가 A, B에 하나씩 들어가게 될 것이다. 실제로 쌀알을 사용해서 독자 스스로가 이런 실험을 해 볼 수도 있다.

이번에는 쌀알 대신에 광자를 택해 보자. 광자를 상자에 던져 넣는 실험을 직접 해 볼 수는 없으나 이것에 상당하는 훨씬 복잡한 실험을 수많은 광자의 집합이 드러내는 통계적 성질을 관찰함으로써 시행할 수 있다. 이런 실제의 경우는 지극히 복잡하기 때문에 여기서는 광자에 대해 이런 가상적인 실험을 한다면 어떤 결과가 일어날 것인가를 이야기해 보기로 하자. 광자의 경우는 쌀알의 경우와 달라서, 전체의 1/3 즉 1,000회의 실험을 한다면 약 333회는 두 광자가 전부 A상자에 들어가고, 1/3은 두 광자가 모두 B상자에 들어간다. 그리고 나머지 1/3의 횟수는 두 개의 광자가 A, B에 하나씩 들어갈 것이다.

이 결과는 무엇을 의미하는 것일까? 이 사실은 두 개의 광자가 모두 A에 들어갈 확률이 1/3, 광자가 둘 다 B에 들어갈 확률이 1/3이고, 광자가 A, B에 하나씩 들어갈 확률도 1/3이라는 것을 의미한다. 쌀알의 경우에는 이 확률이 각각 1/4, 1/4, 1/2이었으나 이번에는 그와 달리 1/3, 1/3, 1/3이라는 결과가 얻어지게 된다. 그렇다면 이 차이는 대체 어떤 원인으로 발생할까?

그것은 광자의 경우에는 두 개를 전부 A상자에 넣는 방법이 한 가지이고, 두 개를 모두 B상자에 넣는 방법도 한 가지라는 점은 쌀알의 경우와 같지만 두 개를 A, B상자에 하나씩 넣는 방법 수가 쌀알의 경우와 달리 한 가지밖에 없다는 점에 기인한다. 처음의 두 결론들은 쌀알의 경우와 동일하니까 문제가 없지만 마지막 사실, 즉 두 개의 광자를 A, B에 하나씩 넣는 방법이 한 가지밖에 없다는 사실은 쌀알의 경우와 판이하다.

쌀알의 경우에 입자를 A, B에 하나씩 넣는 방법이 두 가지였던 것은 철수를 A에 넣고, 명수를 B에 넣는 방법과 철수와 명수를 바꿔서 명수를 A에 넣고 철수를 B에 넣는 방법의 두 가지 가능성이 있었기 때문이다. 이에 반해서 두 개의 광자를 두 개의 상자에 넣는 방법이 한 가지밖에 없다는 사실은 광자에 철수, 명수 등의 이름을 붙여서 구별해서는 안 된다는 사실을 분명하게 보여주고 있다. 이와 같이 광자는 하나, 둘 셀 수 있다는 점에서 쌀알과 비슷하지만 각각에 이름을 붙여서 구별할 수 없다는 점에서 쌀알과는 다르다.*

---

*수많은 광자집합의 성질을 통계적으로 논할 때 보통의 입자와는 다른 방법을 사용해야 한다는 사실을 최초로 생각한 사람은 인도의 물리학자 보즈(S. N. Bose)였다. 그를 기념하여 이 계산법을 보즈 통계법[1]이라 부른다. 전자의 경우, 그것이 자기동일성을 지니지 않는다는 사실 이외에 두 개 이상의 전자가 동일한 상태에 존재할 수 없다는 광자와는 다른 특별한

광자 이외의 일반적인 소립자에 대해서도 사정은 같다. 이때 서로 구별할 수 없다는 사실은 단순히 조롱박 두 개가 서로 비슷해서 식별할 수 없다는 의미가 아니고, 원칙적으로 이름을 붙일 수 있는 성질의 것이 아니라는 뜻이다. 그렇다면 이러한 교묘한 성질을 갖는 것이 과연 존재할 수 있다는 말인가?

4. 자기동일성을 지니지 않는 입자가 있을 수 없는 것은 아니다

그런 것은 존재할 수 있다. 우리는 이런 성질을 갖는 예를 이미 잘 알고 있다. 여러분이 세종로 네거리에 나가보면 광화문 우체국 옥상의 전광판을 볼 수 있을 것이다. 그것은 큰 판상에 수많은 전구들이 빽빽하게 배열된 것으로 그 위를 전구의 점멸에 따라서 문자들이 한쪽에서 다른 쪽으로 이동해 간다. 이 장치를 잠시 살펴보기로 하자.

문자와 같은 복잡한 것은 생각하기 어려우니까 이 전구들 중의 하나를 100W 정도로 켜 보자. 다음에 그것을 끄고, 바로

성질[2]을 지니고 있으므로 별도의 통계법을 사용한다. 전자의 경우에 대한 통계법을 페르미 통계법[3]이라 부른다.

1. 역자 주: 이 입자통계 문제를 독창적으로 연구한 보즈는 논문의 원고를 아인슈타인에게 우송하였다. 아인슈타인은 보즈의 견해의 중요성을 인식하여 직접 이 원고를 독역하여 독일 과학 잡지에 게재토록 하였으며 그 자신도 보즈의 견해를 발전시켰으므로 이 통계법은 보즈-아인슈타인 통계법이라 불리기도 한다.
2. 역자 주: 파울리(Wolfgang Pauli, 1900~1958)의 배타원리(exclusion principle)
3. 역자 주: 페르미와 디랙(Paul Adrien Maurice Dirac, 1902~1984)이 독립적으로 연구하였으므로 페르미-디랙 통계법이라고도 부른다.

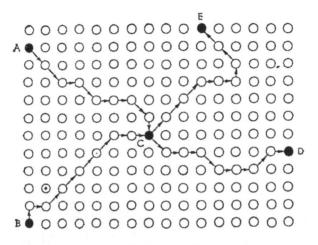

〈그림 2-1〉 전광판

곁에 있는 전구를 100W로 밝힌다. 다음에 그것을 끄고, 또 곁에 있는 전구를 100W로 켠다…. 이런 과정을 되풀이하면 일정한 밝기의 광점이 차례차례로 전광판 위를 이동해가게 된다. 그런 모습은 일정한 성질을 갖는 한 입자가 판 위를 이동해 가는 것과 아주 흡사하다. 두 개의 전구를 켜서도 이와 비슷한 작업을 행할 수 있다. 그때에는 두 개의 광점이 판 위를 이동해 간다. 이런 식으로 여러 개의 광점들이 판 위를 지나가도록 할 수 있다. 광점은 하나가 있을 수도 있고 두 개가 있을 수도 있으며 그 수를 하나, 둘 셀 수 있다. 그런 의미에서 이것은 입자와 비슷한 성질을 갖는다. 두 개의 광점이 점점 접근해 와서 겹치게 되는 지점의 전구는 200W로 밝히도록 하자. 200W 전구가 켜질 경우는 그 지점에 동시에 두 개의 입자가 도달한 것으로 해석된다. 이 광점들은 셀 수 있다는 의미에서 입자와 비슷하지만, 각기 이름을 붙여서 명확하게 구별할 수 없다는 점에서는 그것과 다르다.

가령 〈그림 2-1〉과 같은 전광판 위에서 A 및 B전구로부터 시작해서 광점이 화살표처럼 이동해 간다고 하자. A, B로부터 출발한 두 광점들은 C에서 한 번 만나고 다시 갈라져서 D, E로 간다. 그럴 때 D에 도달한 광점은 본래 A에 있던 것이 옮겨 온 것인가, B에 있던 것이 옮겨온 것인가? 그러나 이런 질문은 아무 의미도 없는 게 분명하다. 그것은 두 개의 광점이 판 위에서 이동하고 있을 때, 각기 이름을 붙여서 두 개를 구별할 수 없기 때문이다. 또 하나의 예로 가령 A, B 두 지점의 전구가 켜져 있다고 하자. 이때 A, B 두 지점을 밝히는 방법에 몇 가지가 있겠는가? 그 방법은 분명히 한 가지뿐이다. 이에 반해 두 지점 A, B에 두 개의 쌀알을 놓는 방법은 두 가지이다. 그 이유는 앞에서 말한 것처럼 한 가지 방법에 대해서 두 개의 쌀알을 바꿔놓는 또 한 방법이 있기 때문이다. 그러나 A, B 두 지점의 전구가 켜져 있을 때 그 광점을 바꾸어 놓을 수는 없다. 두 개의 상자에 두 개의 광자를 넣는 방법이 한 가지밖에 없었던 것은 이것과 같은 이유이다.

광자와 같이 자기동일성이 없는 입자를 이 전광판 위의 광점 같은 것이라 생각하면, 그런 것이 결코 존재할 수 없는 것도 아니다. 소립자란 바로 이런 것이다. 그것은 입자라고는 하지만 전광판의 광점 같은 것이다. 실제 현재의 소립자론에서는 소립자를 이런 것으로 취급한다.

소립자론에서 전광판이 역할을 하는 것은 이른바 〈장〉이다. **소립자란 전광판 위의 광점과 같이 장에서 일어나는 상태 변화에 의해 나타난다.** 이 상태의 변화를 지배하는 법칙은 장방정식으로 표현된다. 공간 속에는 여러 가지 장들이 존재해 있고, 그 각각의 장에는 그것 특유의 소립자들이 나타난다. 전자기장에서는 광자가, 디랙장에서는 전자가, 또한 유가와장에서는 중간자가 나타나는 것이다.

5. 공간 안의 소립자의 위치는 결정될 수 있다

이상 말한 것처럼 소립자는 보통 입자와 다르지만 비슷한 점도 있다. 뿐만 아니라 그 외에 비슷한 데가 얼마든지 있다. 그 하나는 소립자가 공간의 어느 지점에 존재하는지를 결정할 수 있다는 점이다.* 소립자가 이러이러한 위치에 존재한다는 것이 의미를 지닌다. 실제로 우리는 소립자의 위치를 결정할 수 있는 실험 방법을 알고 있다. 앞에서 형광판 실험 이야기를 했지만 그 실험에서 형광판 전체가 빛나는 일은 결코 없고, 언제든지 형광판의 어느 한 점만이 반짝반짝 빛나는 것이다. 그리고 형광판의 어느 한 지점이 빛난다는 것은 그때 전자가 거기에 실제로 도달했음을 의미한다. 이와 같이 소립자는 공간 안의 한 점에서 그 위치가 결정될 수 있다는 점에서 입자와 흡사하다.

6. 소립자의 운동량과 에너지는 결정될 수 있다

소립자가 입자와 비슷한 점은 그 하나하나가 에너지와 운동량의 적제 수단이 된다는 것이다. 예컨대 자색광의 광자 한 개는

---

*약간 부정확한 표현이지만 근시적으로 그렇게 말할 수 있다.

$$0.0000000000052erg$$

의 에너지와

$$0.00000000000000000000017grm \cdot cm/sec$$

의 운동량을 지닌다. 이 질량과 전하 그리고 에너지와 운동량
은 불가분한 것으로 그것의 1/2이나 1/3이 되는 전하나 질량
을 갖는 전자 또는 그것의 1/2이 되는 에너지를 갖는 보라색
광자들은 발견된 사례가 아직 없다.* 이런 의미에서 소립자는
불가분한 입자이다.

7. 소립자의 위치와 운동량은 둘 다 동시에 결정될 수 없다

이상의 사실로 볼 때 소립자는 입자와 비슷하지만, 여기에
뚜렷하게 입자와 다른 점이 있다. 소립자에 대해서 그 위치를
결정할 수도 있고, 또 그 운동량을 결정할 수 있지만 하나의
소립자에 대해서 그 위치가 이렇고 **동시에** 운동량이 이렇다고
말할 수는 없다. 간단히 말하면 **소립자란 위치와 운동량을 동시
에 가질 수 없는 개체이다.** 앞에서 소립자는 색을 가지지 않는다
고 말했지만 이번에는 사정이 다소 복잡해진다. 즉 **소립자란 그
위치가 이러이러하다는 말의 주어는 될 수 있고 또한 운동량이 이
렇다는 말의 주어도 될 수 있지만 이 두 문장을 동시에 담고 있는
문장의 첫머리에는 올 수 없다.**

---

*실제로 전기소량 e의 1/3 또는 2/3가 되는 입자 쿼크(quark)들이 존재하
리라는 이론이 겔만(Murray Gell-Mann, 1927~2019)에 의해 제창되었다.
현재 실험이 계속되고 있으나 아직 발견되지 않고 있다.

8. 소립자는 경로를 가질 수 없다

전자나 광자, 그 밖의 소립자들이 위치와 운동량을 동시에 가질 수 없다는 사실로부터 얻어지는 결론 중의 하나는 **소립자는 경로를 갖지 않는다는 점이다.** 이 사실은 전자나 광자가 보통의 입자와 전혀 다른 점이다. 이것은 또한 전자나 광자가 전광판의 광점과도 다름을 뜻한다. 사실 경로를 갖지 않는 성질을 지니는 것에는 소립자 이외에도 복합입자인 원자핵, 원자 등도 있다. 이런 것들을 양자적 입자라 부르기로 하자. 운동경로를 갖지 않는 까닭에 그들의 운동을 역학으로는 취급할 수 없다. 역학이라는 것이 바로 운동경로에 관한 이론이기 때문이다. 이런 **양자적 입자**의 행동을 취급하는 이론이 바로 **양자역학**(quantum mechanics)이다. 양자적 입자에 대해서 그 위치가 어떻고 동시에 운동량이 어떻다고 말할 수 없다고 했지만, 실제로 그 위치와 운동량을 동시에 결정할 수 있는 방법을 우리는 모르고 있다.

독자 여러분은 아마 이런 의문을 품을 것 같다. 위치와 운동량을 동시에 결정할 수 있는 실험 방법이 존재하지는 않을지라도 운동량을 먼저 결정하고 그다음에 위치를 결정하면 되지 않겠느냐고. 그러나 이렇게 두 번의 실험으로 위치와 운동량을 결정할 수 있다고 생각하는 배후에는 실험이 실험 대상의 상태에 아무런 영향도 미치지 않으리라는 가정이 포함되어 있다. 위치를 먼저 결정해서, 이러이러한 값임을 알았을지라도 그 후에 행한 운동량 결정 실험이 대상에 영향을 미쳐서 방금 전의 실험에서 얻어진 위치에 관한 데이터를 쓸모없게 하지는 않는다고 말할 수 없다. 실제로 양자적 입자란 어떤 수단을 사용할

44

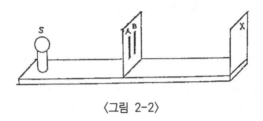

〈그림 2-2〉

지라도 이런 실험의 영향을 피할 수 없는 성질을 지니는 것이다. 양자적 입자에는 운동경로를 취하는 성질이 없다. 이로부터 상식적으로는 참으로 기묘하게 생각되는 결론이 튀어나온다. 다음 같은 실험을 생각해 보자.

〈그림 2-2〉와 같은 전자발생장치(S), 두 개의 슬릿(slit) A, B를 뚫어 놓은 판, 슬릿을 통과한 전자를 받아들이는 판(X), 이 세 개로 이루어진 장치를 생각해 보자. 전자는 S에서 나와 X 위의 한 점 P에 도달할 것이다. 이때 전자가 실제로 P에 도달한다는 사실은 X 위치에 형광판을 설치해 보면 알 수 있다. 즉 형광판을 설치할 때 점 P가 빛난다면 전자가 그 점에 도달했다고 결론지을 수 있다. 이때 전자가 경로를 갖는다면, 그 전자는 S-A-P 같은 경로를 취하든가 또는 S-B-P 같은 경로를 취하든가 어느 한 방법으로 S를 출발하여 P에 도달한다고 해야 한다. 그러나 실제로 전자에 대해서는 그렇다고 말할 수 없다. 즉 이런 상황에서는 **전자에 대해서 그것이 A슬릿을 통과했는지, 또는 B슬릿을 통과했는지 어느 한쪽이라고 단정할 수 없다.** 이때에 전**자가 양쪽 슬릿을 동시에 통과했다고 생각하지 않으면 설명이 되지 않는 현상**이 발생하기 때문이다.

이 현상은 흔히 전자의 파동성이라 불리는 것이다. 즉 전자는 이때 S에서 발생한 파처럼 행동한다는 것이다. 파의 경우 두 개의 슬릿을 지나 P에 도달해서 이른바 간섭현상을 나타낸다는 사실은 잘 알려져 있고 실제로 S지점에 전자발생장치 대신에 단색광원을 놓는다면, X 위에는 간섭에 의해서 규칙성 있는 명암의 간섭무늬가 나타난다. 이런 간섭무늬는 A를 지난 파와 B를 지난 파가 판 뒤의 공간에서 중첩되어 서로 간섭을 일으켜서, 어떤 지점에서는 파들이 상쇄되고 어떤 지점에서는 보강되기 때문에 발생하는 현상이다. 슬릿이 하나밖에 없을 때에는 물론 파들이 중첩되는 일이 없으니까 간섭무늬는 나타나지 않는다. 어두운 무늬가 나타나는 곳에서는 빛이 전혀 존재하지 않음을 뜻한다. 빛을 파라고 결론지을 수 있는 것은 바로 이런 간섭현상 때문이다.

  그러나 전자의 경우에도 이 같은 간섭현상이 일어나는 사실이 발견되었다. 즉 S로부터 나온 전자는 X 위에서 어두운 무늬가 나타난 곳에 해당하는 위치에는 결코 도달하지 않는다는 사실이 밝혀졌다. X에 형광판을 설치하면 이곳저곳에서 반짝반짝 빛나겠지만 어두운 무늬에 해당하는 곳은 전혀 빛나지 않는다. 이 현상으로부터 보통의 입자에서처럼 전자가 한쪽 슬릿만 통과한다고 단정할 수는 없음을 알 수 있다. 그 이유는 만일 전자가 한쪽 슬릿만 통과한다면, 그것이 통과하지 않은 다른 슬릿의 존재는 이 전자에 아무런 영향을 미치지 않을 것이기 때문이다. 따라서 이 슬릿이 우연히 막혀 있다 해도 전자의 행동에는 아무런 영향을 주지 않는다. 그렇다면 슬릿이 하나밖에 없을 경우에도 전자는 동일한 행동을 취해야만 한다. 따라서 전자는 어두운 무늬에 해당하는 위치에도 도달할 것이므로 명암의 간섭무늬는 결코 나타나지 않을 것이다.

앞에서 전자나 광자는 불가분한 것이고, 질량이나 전하가 그것들의 1/2이 되는 것 또는 에너지가 1/3밖에 되지 않는 것 등은 발견되지 않는다고 하였다. 실제로 A, B슬릿 전면에 형광판을 놓아 전자를 검출해 보면 A, B 양쪽에 걸쳐서 고르게 형광판이 빛나든가 A, B 양쪽이 반만큼씩의 밝기로 동시에 빛나는 일은 결코 없다. **전자나 광자는 이런 의미에서 불가분한 것이지만 위와 같은 실험 상황 아래에서는 (즉 슬릿이 있는 위치에 형광판 등을 비치하지 않고, 따라서 거기에서 전자를 관측해 보지 않는 상황에서는) 어떤 의미에서 양쪽 슬릿을 동시에 통과한다고 생각하지 않으면 안 된다.** 이것은 매우 역설적이다.

양자적 입자란 이런 기묘한 성질을 갖는 것이기 때문에 보통의 입자와 같은 것이라고는 결코 생각할 수 없다. 그러나 이런 역설적인 성질이 있다고 해서 이 양자적 입자들에 대해서 보통의 이론을 적용할 수 없음을 의미하는 것은 결코 아니다. 우리가 그것에 대해서 저도 모르게 쌀알 같은 것을 염원에 두고 생각한 것이 그릇된 것이다. 쌀알이 슬릿 A, B를 통과하는 방법에는 A를 지나고 B를 지나지 않든가, B를 지나고 A를 지나지 않든가의 어느 하나이고, 그 밖의 가능성이 있을 것으로는 생각되지 않으나, 광자나 전자는 어떤 의미에서는 양쪽의 구멍을 동시에 통과하는 가능성을 생각하지 않으면 안 된다.

9. 전자나 광자의 상태는 벡터와 같은 성질을 지닌다

그렇다면 이 기묘한 것의 행동을 취급하는 데는 어떤 법칙이 적합할까? 이 법칙들을 통합한 하나의 체계가 곧 **양자역학**이고,

이 양자역학서에는 이 기묘한 것의 성질을 아무런 모순 없이 다룰 수 있다는 사실이 밝혀져 있다. 양자역학은 상당히 수학적인 체계지만, 이런 기묘한 것의 행동을 다루기 위해서는 수학적일 수밖에 없다. 즉 전자나 광자와 같이 우리가 흔히 보는 것과 판이하게 다른 입자의 행동은 일상적인 언어로써 기술할 수 없음은 당연한 일이다. 왜냐하면 일상 언어는 일상적인 사고방식에 밀접하게 결부되어 있기 때문에 흔히 볼 수 있는 것과는 전혀 다른 이런 기묘한 것들의 행동을 기술하는 데에는 아주 부적당하기 때문이다. 바꾸어 말해서 일상적인 사고와 관련되지 않은 보다 순수한 언어를 사용하지 않고서는 그런 것을 기술할 수 없다는 것이다. 이와 같은 자유롭고, 순수한 언어가 바로 수학이다. 양자역학이 수학적일 수밖에 없는 까닭은 바로 이런 데 있다.

이 수학적 이론을 여기에서 이야기할 수는 없지만 광자나 전자 등의 기묘한 성질이 이 이론에 의하여 어떻게 기술될 수 있는가를 비유로써 보일까 한다. 그러나 미리 다짐해 두지 않으면 안 될 것은 지금부터 이야기하는 것은 어디까지나 비유일 뿐이므로 이로부터 양자역학의 전모를 살피려 해서는 안 된다는 점이다.

쌀알이나 모래알은 A슬릿을 지나든가, B슬릿을 지나든가 어느 하나이고 A를 통과하면 B를 통과하지 않아야 하고, B를 통과하면 A를 통과하지 않아야 한다. 이에 반해 전자나 광자는 A, B 어느 한쪽만을 통과할 뿐 아니라 다른 통과 방법 즉, 어떤 의미에서 A, B 양쪽을 동시에 통과하는 것이 가능하다는 것이다. 이때 광자나 전자가 불가분한 것이라 해서, 양쪽을 통과한다는 의미를 이들이 양분되어서 양쪽을 통과한다는 상식적인 해석을 해서는 안 된다. 그런데 양분되지 않고 하나가 양쪽 구멍을 통과하는 것은 어떤 경우에 가능하고, 어떤 의미에서 가능한 것일까?

이 점에 대한 양자역학적 사고방식은 다음과 같은 것이다. 일상적인 사고방식에서는 A를 지난다는 것과 B를 지난다는 것을 동일한 차선에 두어, 병립적으로 생각한다. 이를테면 한 직선상에서 중심으로부터 왼쪽, 오른쪽을 생각하는 것과 마찬가지다. 그렇게 생각하면 중심으로부터 왼쪽이 아니면 오른쪽이고 오른쪽이 아니면 왼쪽이다. 한편 양자역학적 사고방식에서는 A를 통과하는 것과 B를 통과하는 것을 별개의 차원에 대응하는 것으로 생각한다. 마치 공간 안에서 X축과 Y축이 차원을 달리하는 것과 같다. 이때에는 공간 안에 X축 방향도 아니고, 그렇다고 Y축 방향도 아닌, 중간 방향이 얼마든지 존재한다. 한 광자가 A를 통과하는 것과 B를 통과하는 것을 별개의 차원에 두고 생각하면 A를 통과하는 것과 B를 통과하는 것, 어느 것과도 다른 별개의 통과 방법이 있을 수 있다. A를 통과하고 B를 통과하지 않는 가능성을 X축 방향 벡터(vector)에 대응시키고, B를 통과하고 A를 통과하지 않는 가능성을 Y축 방향 벡터에 대응시킨다. 그리고 이 두 개의 가능성 이외에 어떤 의미에서 A, B 양쪽을 통과하는 가능성을 X축과 Y축의 중간방향을 갖는 벡터에 대응시켜서, 전자나 광자의 불가분성과 모순됨이 없이 양쪽을 통과하는 가능성이 존재할 수 있게 된다.

양자역학에서는 전자나 광자의 상태가 벡터공간 내의 한 벡터로써 표현된다고 생각한다. 지금의 경우에는 A를 통과하는 것과 B

를 통과하는 것 등의 두 가능성만을 문제 삼았지만 일반적으로 전자나 광자가 공간 안의 임의의 지점에 존재할 수 있으니까 그 가능성에 대응해서 무수한 축을 갖는 벡터공간을 생각한다. 즉 우리의 간단한 예에서는 A를 통과하는 것에 대응해서 X축을, B를 통과하는 것에 대응해서 Y축을 생각해서 이 두 개의 직교축을 갖는 무한차원 벡터공간을 생각하지 않으면 안 된다. 이와 같이 벡터공간 안에 있는 임의의 방향의 벡터가 전자나 광자의 상태를 표시한다. 여기서 A에 있을 가능성에 대응하는 축을 A축이라 하면, 전자가 A에 있다는 상태란 그 벡터공간 안의 상태를 표시하는 벡터가 정확히 A축 방향을 향한다는 것이다. B에 있다는 것은 상태벡터가 B에 대응되는 방향을, 예를 들어 B축이라는 방향을 향하고 있음을 의미한다. 만일 그 벡터가 A축과 B축의 중간방향을 향하고 있을 때에는 (혹은 그 벡터가 A방향, B방향에 성분을 가질 때라고 해도 된다) 전자나 광자는 A에 존재한다고 말하지도 않고, B에 존재한다고 말하지도 않고, 어떤 의미에 있어서 A, B 양쪽에 동시에 존재한다고 말하지 않으면 안 되는 것이다.

이때 공간에 있는 무수한 점들 A, B, C…에 대응해서 벡터공간 안에는 A축, B축, C축…이라는 무수한 축이 존재하지만 벡터가 꼭 이 축들 중의 어느 방향을, 가령 C축 방향을 향한다고 하면, 그것은 전자가 C라는 장소에 존재한다는 것을 의미한다. 거꾸로 전자의 위치 측정실험에 의해서 C라는 장소에서 그것을 발견했다면 그때에는 상태벡터가 꼭 C축 방향을 향한다고 말할 수 있을 것이다.

이때 벡터가 어느 축의 방향과도 일치하지 않을 수 있다(이를테면 3차원 공간에서 X, Y, Z, 어느 축과도 일치하지 않는 방향을 갖는 벡터를 생각할 수 있는 것처럼). 그때에는 전자가 공간의 어느 한 장소에 존재한다고 말할 수는 없고 여러 장소에 동시에 존재한다고 생각하지 않으면 안 된다.

앞에서 전자가 어떤 운동량 값을 가질 수 있다고 말했는데, 그렇다면 정해진 운동량을 갖고 있는 상태에 있을 때 이 벡터는 어떤 방향을 향할 것인가? 이때에는 이 벡터가 A축, B축, C축의 어느 축과도 일치하지 않고 모든 축들의 중간방향을 향한다(혹은 모든 축에 대해서 고르게 성분을 갖는 방향을 향한다). 따라서 이때에는 전자가 공간 안의 A점, B점, C점 등의 어느 점에 존재한다고도 말할 수 없다. 이것이 곧 전자나 광자에 대해서 어떤 운동량 값을 갖고, 동시에 공간 어느 지점에 존재한다고 말할 수 없다고 한 뜻이다.

이로써 양자역학에서 생각하는 전자나 광자의 면모를 이야기한 셈이 된다. 물론 여기에서 이야기한 것은 양자역학의 기본적인 사고방식에 관한 극히 일부분을 보인 데에 지나지 않는다. 그러나 이상의 이야기로써 소립자란 우리가 일상적으로 생각하고 있는 쌀알 같은 것과는 아주 다른 것이라는 사실은 이해가 됐을 것으로 믿는다.

10. 맺음말

이상에서 우리는 전자나 광자 또는 그 밖의 소립자들은 쌀알 등과는 아주 다른 것임을 알았다. 그것은 자기동일성을 지니지 않는다는 점에서 전광판의 광점 같은 것이지만 한편 운동경로를 갖지 않는다는 점에서 이 광점과도 다른 것이다.

소립자가 전광판의 광점과 비슷하다는 점에서 그것이 장방정식으로 기술될 수 있다고 말할 수 있지만 이때의 장이라는 것도 고전물리학자들이 생각했던 장에 대한 사고방식을 그대로 답습한 것은 아니다. 그때에는 소립자의 상태를 벡터처럼 생각한다는 입장이 취해져 있지 않았기 때문이다.

그러므로 우리는 장이라는 개념과 상태벡터라는 개념을 융합해서 소립자론을 형성했다. 이것이 현재의 소립자론이다.

이렇게 해서 이루어진 소립자론 소립자의 모든 성질, 특히 일상적 사고방식으로는 아주 기묘하게 보이는 성질들도 잘 설명할 수 있다. 그런 의미에서 이 소립자론은 훌륭한 성공을 거두었다.

그러나 이 소립자론은 여러 소립자 간의 상호작용 문제 등에는 아직 만족할 만한 해답을 제공하지 못하고 있다. 그런 점에서 볼 때 이 소립자론은 아직 궁극적인 것으로는 생각되지 않는다.

현재의 소립자론에 아직 이러한 불만스러운 점이 있다는 것은 대단히 아쉬운 일이지만, 불완전하다는 사실은 미래의 무한한 가능성을 내포하고 있다고 할 수 있기에 우리는 미래에 큰 기대를 걸고 있는 것이다.

III. 광자 재판

-어느 날의 꿈-

"We must now describe the photon as going partly into each of two components into which the incident beam is split."

P. A. M. Dirac
The Principle of Quantum Mechanics

1

(검: 검사, 피: 피고, 변: 변호인, 판: 재판장)

검「피고에게 묻겠는데, 피고는 전부터 실내에 잠입했던 것이 아니란 말인가?」

피「그렇습니다. 제가 사건 직전 건물 밖에 있었다는 사실에는 확실한 증거가 있습니다. 당시 저는 정문에 있었고 수위가 저를 잡고서 출입 절차를 취하고 있었습니다. 이는 방금 전 수위의 증언에 의하여 밝혀진 사실입니다」

검「그렇군. 수위의 증언에 의하여 그 점에 대해서는 알리바이 (alibi)가 성립한다고 하지 않을 수 없군. 피고는 정문으로부 터 정원을 지나서 창가까지 가서 그 창으로 실내에 침입한 후 실내의 벽 앞에서 잡혔다는 말이지?」

피「네, 그렇습니다」

정신을 차리니 저는 어느 재판을 방청하고 있었던 것 같습니다. 법정에는 보도사진 등에서 흔히 볼 수 있는 것처럼, 정면에 재판장이 위엄을 갖추고 앉아 있고 중앙의 피고석에는 잘은 모르겠으나 어떤 범행을 저지른 듯한 피고가 다소곳이 서 있었습니다. 심문을 하고 있는 것은 검사인 듯한데 범행의 경위를 하나하나 다짐하듯 되묻고 있었습니다.

나는 어쩌다 이런 곳에 오게 되었을까요? 그것을 이상히 여기면서도 무엇인가 흥미 있는 사건인 것 같다고 생각하면서 정신을 바짝 차리고 경청했습니다. 검사는 심문을 계속했습니다.

검 「그 방에는 앞뜰을 향해 두 개의 창이 나란히 나 있는데 피고는 어느 창으로 침입했는가? 이 점은 극히 중요하니까 분명히 대답하기 바란다」

피 「저는 두 개의 창을 한꺼번에 통과해서 들어갔습니다」

나는 이 답변에 어안이 벙벙해졌습니다. 도대체 한 피고가 어떻게 두 개의 창을 한꺼번에 통과할 수 있다는 말인가? 검사도 이론을 무시한 이 답변에 적이 심증을 해친 것 같았습니다.

검 「피고는 2개의 창 **양쪽**을 한꺼번에 통과했다고 예심에서도 여러 차례 주장해 왔는데, 여기서도 또 그런 말을 되풀이하는가? 그런 기묘한 말을 한다 해도 누가 그 말을 믿겠는가? 피고는 불가분한 개체임이 틀림없고, 한 사람이 동시에 두 장소에 존재할 수 있다는 얘기는 들어보지 못했다. 더욱이 이 사실은 피고 자신이 이미 인정했다. 왜냐하면 피고는 조금 전 수위실에 있었고 실내에는 있지 않았다는 알리바이를 주장하지 않았는가? 피고의 주장대로 양쪽 창을 한꺼번에 통과하는 것이 가능하다면 피고는 정문과 실내의 두 지점에 동시에 존재할 수 있다는 얘기가 된다. 그래도 피고는 이 알리바이를 계속 주장하겠는가?」

실제로 정문에 있었으므로 실내에는 있지 않았었다고 피고가 주장하는 한, 한쪽 창을 통과했다면 다른 쪽 창을 통과하지 않았다는 사실은 인정하지 않을 수 없을 듯한데도 피고는 양쪽 창을 동시에 통과했다고 말하고 있는 것입니다. '참으로 검사답다. 피고의 허점을 예리하게 찔렀다.' 나는 이렇게 감탄했습니다. 그런데 자가당착에 빠져 당황하리라 생각했던 피고는 조금도 동요하는 기색이 없었습니다.

피 「그렇게 말씀하시지만 제가 두 개의 창을 동시에 지나서 건물에 들어간 것은 틀림없는 사실입니다. 그리고 저의 알리바이를 철회할 생각은 추호도 없습니다」

이 답변을 듣고서 나는 피고가 정신 나간 사람이 아닌가 생각했습니다. 그리고 에디슨병(氏病)*이 든 사람 같은 대답을 하는 피고는 대체 어떤 모습을 했을까 궁금해서 피고석을 향해 시선을 돌렸습니다. 그러나 지금 나는 피고가 어떤 얼굴을 하고 있었는지 도무지 기억을 해낼 수 없습니다. 아무튼 수갑 같은 것으로 피고석에 묶여 있었고, 그 사람 가까이에 누군가가 있었다는 것만이 기억에 남아 있을 뿐, 그 밖의 피고의 자태나 용모 등은 조금도 생각이 나질 않습니다. 곰곰이 생각해 보니,

*러시아의 정신병리학자 코르사코프(Korsakov)가 발견한 기억의 결함을 허담으로 보충하려는 증상을 말한다.

피고는 그 당시에도 용모라든가 자태 따위의 속성은 지니지 않았던 것 같습니다. 피고가 광자라는 여자 이름을 지녔던 생각은 나지만, 실제로 여자였는지 남자였는지는 잘 모르겠습니다. 이제 생각하니 법정에서 주고받던 변론도 실제의 재판을 방청해 본 사람에게는 이상한 점이 많은 색다른 재판이었습니다.

검사는 이 비논리적인 피고를 다루기가 무척 어려웠던 듯합니다. 그는 도저히 참을 수 없다는 얼굴로 다시 발언을 했습니다.

검 「좋다. 피고는 언제까지 그런 논리에 어긋나는 주장을 할 것인가? 피고가 시인하건 부인하건 간에 본관은 피고가 두 창 중 어느 하나만을 통해서 실내에 침입했다고 단정한다. 피고는 본관의 이 주장을 부인하고 있으며 유감스럽게도 직접 현장에서 목격한 증인도 없다. 그러나 피고의 말과 같이 정문에 있었다는 사실만 가지고 실내에 있지 않았다는 알리바이를 주장한다면 동일한 근거로써 본관의 주장 또한 옳다고 단정할 수 있을 것이다」

검사의 주장은 지당하다고 생각되었습니다. 피고가 창 A에 있었다면 창 B에 없었음은 분명하고, 창 B에 있었다면 창 A에 있지 않았음은 명백한 사실이 아니겠습니까?

그런데 이때 비로소 변호인이 발언 신청을 했습니다. 이 변호인의 인상은 지금도 어렴풋이 기억에 남아 있습니다. 호리호리하고 다소 구부정한 그리고 덥수룩한 머리를 한 사람이었습니다. 벽안(碧眼)이며 코가 높았던 점으로 미루어 분명히 동양인은 아니었습니다. 또렷또렷한 눈망울은 동승(童僧)같이 번득였습니다. 내가 어디에선가 한 번쯤은 본 기억이 나는 그런 사람이었습니다.

나는 변호인이 피고의 정신감정을 요구할 것이 틀림없다고 생각했습니다. 아까부터 피고의 발언은 제정신에서 나왔다고는 생각되지 않았었으니까요.

그러나 뜻밖이었습니다. 변호인은 먼저 건물에서 피고를 체포했다는 사람에게 그때의 상황을 상세하게 증언하도록 했습니다. 증인의 증언 내용은 이러했습니다. 그 당시 증인은 동료들과 더불어 건물의 문제의 창의 맞은편 벽 근처에서 작업 중이었다는 것입니다. 피곤해서 잠시 작업을 쉬고 있었는데 갑자기 누군가가 그에게 닿았기 때문에 깜짝 놀라서 그것을 꽉 붙잡았다는 것입니다. 여기에서 변호인은 잠시 생각을 하더니 다음 사실을 확인했습니다. 즉 이 증인이나 동료들 모두가 범인이 어디로부터 왔는지를 모른다는 점입니다. 불가사의한 일이지만 체포될 때까지 아무도 범인의 모습을 보지 못했으므로 그가 창을 통해 들어왔는지 전부터 건물 안에 있었는지를 증언할 수 없다는 것입니다. 다만 건물 안에 있지 않았다는 사실에 대해서는 수위의 증언이 있으며 피고 자신도 그것을 시인했습니다. 변호인은 다시 수위에게 증언을 요구하여 그가 피고에게서 출입수속을 받긴 했으나 정문을 들어간 후 피고가 어떻게 걸어갔는지 어느 창을 통해 건물 안으로 들어갔는지는 전혀 모른다는 사실을 확인했습니다. 이와 같이 피고가 두 창의 어느 쪽을 지나서 들어갔는지, 또 피고의 말대로 두 개의 창 양쪽을 지나 들어갔는지 이런 사실에 대해서는 아무도 모릅니다. 변호인은 창을 통과하는 현장을 직접 목격한 사람이 한 사람도 없다는 것은 대단히 중요한 사실이라고 지적했습니다.

이쯤 증언을 청취한 후, 변호인은 놀라운 발언을 했습니다. 즉 논리에 어긋나는 말을 하고 있는 것은 피고 측이 아니라 검사 측이라고 변호인이 말하는 것이었습니다. 「검사의 주장이야말로 논리에 맞는 피고의 정당한 주장을 전혀 무시하고 잘못된 논리로써 자신의 주장을 강요하는 것이며, 피고의 인권을 유린하는 부당한 처사입니다」라고 말하는 것이었습니다.

이 발언에 대해 검사도 잠자코 있을 수만은 없었습니다. 여기서 검사와 변호인 사이에 불꽃 튀는 문답이 오갔습니다.

검 「그렇다면 변호인에게 묻고 싶습니다. 피고가 A지점에 있었다면 B지점에는 없었던 것이며 또한 B지점에 있었다면 A지점에는 없었다는 것이 본관의 주장의 전제입니다. 변호인은 이 전제를 부인할 수 있습니까? 피고가 A, B 두 지점에 동시에 존재할 수는 없습니다. 이 사실은 만인이 경험을 통하여 익히 알고 있는 것이 아닙니까? 그리고 조금 전에 본관이 논한 것 같이, 피고의 알리바이도 이 사실을 전제로 하고 있는 것이 아닙니까?」

변 「본 변호인은 검사의 그 전제를 결코 부인하지는 않습니다. 이 전제는 경험에 의하여 모든 사람들이 틀림없다고 생각하고 있는 것입니다. 다만 검사가 이 전제를 토대로 피고의 주장을 반박한다면 그것은 논리의 비약인 것입니다. 피고가 A지점에 있었다면 B지점에는 존재하지 않는다는 주장은 의심할 여지없이 검증된 사실입니다. 즉 피고가 A에 있었던 현장이 목격되었을 때, 동시에 B에서 목격되는 일은 결코 없었다는 사실이 이 주장의 정당성을 보증하는 것입니다. 따라서 피고가 알리바이를 주장하는 것은 물론 정당한 일입니다. 그러나 이 중요한 원칙은 그것이 실제로 검증된 범위 내에서만 타당합니다. 따라서 이것을 도를 지나치게 적용하는 것은 용납될 수 없습니다. 본 변호인이 강조하고 싶은 것은 검사의 논리가 이 원칙의 부당한 적용에 기인하고 있다는 점입니다. 이 원칙을 적용할 때 세심한 주의를 기울이지 않으면 저도 모르게 부당한 적용을 행하게 되는 것입니다. 검사의 논고는 이런 오용의 전형적인 예입니다. 이런 흔히 있기 쉬운 오용과 혼란을 피하기 위하여 본 변호인은 이 원칙을 다음과 같이 명확하게 표현해 두는 것이 좋을 것이라 생각합니다. 즉 피고가 **A에 존재해 있는 현장이 누군가에 의하여 목격된다면** 피고는 B에는 결코 존재하지 않는다고 단정해도 좋습니다. 사실 이 원칙이 검증되어 있다 함은 이런 의미에서이지 이 의미 이상에서는 아닙니다. 그런데 피고의 경우를 생각해 봅시다. 피고가 실내에서 체포되기 전에 정문에 있었다는 사실, 이것은 수위의 증언에 의하여 확인되어 있습니다. 즉 그때 피고가 정문에 있었다는 사실이 수위에게 목격된 것입니다. 따라서 이 경우 이 원칙을 적용해서 당시 피고가 실내에 있지 않았다는 결론을 내릴 수 있습니다. 이것이 피고가 주장하는 알리바이입니다. 이제 피고가 두 창 중 어느 쪽을 통과했는가 하는 문제로 옮아갑시다. 검사는 앞서 말한 원칙에 따라서, A를 통과했다면 B를 통과하지 않았을 것이고, 또 B를 통과했다면 A를 통과했을 리 없다. 따라서 피고는 A, B 어느 한쪽 창만을 통과했어야 한다고 주장하고 있습니다. 그러나 본 변호인은 이 주장 자체가 바로 중대한 착오라고 말하고 싶습니다. 본 변호인이 방금 전에 이 원칙을 명확하게 표현해 두어야 한다고 말한 것은 바로 이런 종류의 착오를 피하기 위함이었습니다. 이 원칙을 부연한다면 이렇습니다. 피고가 A를 통과하는 장면이 누군가에 의해서 목격되었다면 그가 A를 통과했다고 말할 수는 없습니다. 여기에서 **'누군가에 의해서 목격되었다'**는 점이 중요합니다. 즉 피고가 A, B의 어느 한쪽으로만 통과할 수 있다는 주장은 그가 어느 한쪽 창을 통과하는 장면이 누군가에 의해서 목격되었을 때에 한해서 입증된 사실입니다. 그러나 방금 전의 증언에서와 같이 피고가 창을 통과하는 순간을 목격한 사람은 없습니다. 따라서 검사가 피고의 경우에 이 원칙을 적용하는 것은 실증된 범위를 넘어서는 부당한 시도이며 분명히 검사의 월권입니다」

변호인의 변론은 커다란 파문을 일으켰습니다. 논리는 정연하지만 한편 실증을 지나치게 중요시하는 것은 아닐까요? 그렇다면 현행범만이 유죄 판결을 받게 되며, 사실상 어떤 심판도 성립되지 않는다는 얘기가 되지 않을까요? 직접적인 증거가 없을 경우에는 어떠한 판결도 내려서는 안 된다는 주장은 인권옹호라는 입장에서 본다면 정당하겠지만 이런 주장을 너무 지나치게 내세워서는 안 되지 않겠습니까? 예상대로 검사는 이 변론을 듣고만 있을 수는 없었습니다.

검 「본관은 변호인의 맹랑한 변론에는 승복할 수 없습니다. 아무튼 피고가 A에 있었던 사실을 목격한 사람도 B에 있었던 사실을 목격한 사람도 없습니다. 그리고 A에 있었다면 B에는 없었을 것이고, B에 있었다면 A에는 없었을 것이라는 원칙이 실증되어 있다 함은 변호인의 말대로 목격자가 있었을 경우의 얘기입니다. 그러나 A에 있었고 따라서 B에는 없었다는 제1의 가능성과 B에 있었고 따라서 A에 없었다는 제2의 가능성 외에 제3의 가능성이 존재한다는 사실은 아직까지 경험된 일이 없습니다. 특히 피고가 다른 두 지점에 동시에 존재해 있는 것을 목격한 사람은 아무도 없는 것입니다. 실제 범행의 경우는 목격자가 있을 수 없다는 점에 있어서, 원칙과 다른 경우가 될지도 모릅니다. 그러나 그렇다고 당시의 피고의 행동에 대해서 제1, 제2의 두 개의 가능성 이외에 제3의 가능성을 생각해야 될 것이라는 변호인의 주장은 허무맹랑한 것입니다. 피고가 어떤 상황에서는 이러이러한 행위를 한 것이 틀림없다고 인정될 때 공교롭게 목격자가 없었을지라도 동일한 상황 밑에선 동일한 행동을 취했으리라 단정한다고 해도 무엇이 부당하겠습니까? 목격자가 있고 없는 것은 그때그때의 우연이고, 단지 피고의 행동을 아는 사람이 있다 없다의 차이뿐일 것입니다. 변호인의 말처럼 목격자가 없을 경우 일체의 상황 판단이 허용되지 않는다면 무엇보다도 도대체 재판이라는 것이 성립될 수 있겠습니까? 어쨌든 피고가 불가분한 개체라는 사실과 피고가 두 개의 창을 동시에 통과할 수 있다는 사실은 상반되는 것이며, 양립될 수 없다는 점은 분명합니다」

이리하여 검사는 최종 매듭을 지을 듯이, 만일 피고가 제3의 가능성, 즉 두 지점 A, B에 동시에 존재할 수 있다는 사실을 끝까지 주장할 생각이면 눈앞에 그에 대한 증거를 제시할 수 있어야 한다고 변호인 측에 대하여 강력하게 추궁했습니다.

이에 대한 변호인의 답변 역시 기가 찰 노릇이었습니다. 제3의 가능성이란 피고의 존재가 목격되지 않을 경우에 한해서 가능하고, 따라서 제3의 가능성이 발생하는 장면은 사람에게 목격될 수 없다는 것이 그의 답변이었습니다.

이 미꾸라지와 같은 답변에는 검사도 격분한 것 같았습니다. 방청석을 메운 많은 사람들도—저도 그중의 한 사람이었지만—변호인이 법정을 모독하는 것으로 생각하였습니다. 그러나 역시 재판장은 냉정했습니다. 그는 서서히 입을 열고 말했습니다.

판 「그렇다면 변호인, 변호인의 주장에 대한 증거를 제시할 수 있습니까? 목격자가 없을 때에 한해서 피고가 제3의 행동을 취할 수 있다고 주장했는데, 그렇다면 변호인은 어떻게 해서 그 사실을 알았습니까? 변호인은 최소한 다음 사실을 분명히 할 필요가 있다고 본관은 생각합니다. 즉 피고가 불가분한 개체라는 사실과 두 개의 창을 동시에 통과할 수 있는 것이 양립할 수 있다는 점을 분명히 해 주기 바랍니다」

사람을 현혹시키는 논법을 구사했던 변호인도 이제는 굴복하는가 싶었는데, 추호도 그런 기색이 없었습니다. 변호인은 자신에 찬 어조로 말했습니다.

변 「재판장 및 방청인 여러분, 피고가 두 개의 창을 동시에 통과한다는 기묘한 행동을 취하는 것은 그 장면이 남에게 목격되지 않을 경우뿐인 것입니다. 따라서 이 사실을 여러분께 보여드리는 것은 대단히 유감스러우나 불가능합니다. 그러나 간접적으로는 피고의 어떤 행동을 통한 상황 판단에 의해서 그것이 진실임을 여러분께 제시할 수는 있습니다. 검사는 방금 본 변호인이 사실에 따른 검증만이 심판의 근거가 될 수 있을 뿐, 일체의 상황 판단을 할 수 없다고 말한 것처럼 이야기했는데 이는 말할 것도 없이 오해입니다. 저는 다만 상황 판단이란 최후까지 어떤 상황을 세심하게 관찰하고 나서야 비로소 가능한 것이지, 국한된 또는 부정확한 경험에 의해서 얻어진 선입관에 의해서 반성 없이 내려지는 독단이어서는 안 된다는 주장을 했던 것입니다. 재판장께서 요구하신 피고가 두 개의 창을 동시에 통과했음을 뒷받침할 증거를 제시하는 것은 어렵지 않습니다. 그러기 위해서 본 변호인은 현장검증을 시행해 볼 것을 제의합니다. 그렇게 하면 본 변호인의 상황 판단이 옳고 검사가 반복 주장한 상황 판단이 독단이라는 것이 분명해질 것입니다. 그리고 피고가 불가분한 개체라는 사실과 두 개의 창을 동시에 통과할 수 있다는 사실이 결코 모순되는 사실이 아님도 명백해질 것입니다」

변호인의 현장검증 신청은 즉각적으로 받아들여졌고, 휴정이 선언되었으므로 모두 퇴정했습니다. 한 사람의 피고가 동시에 두 개의 창을 통과하는 것이 가능하다는 것이 변호인의 얘기입니다. 그리고 변호인은 상식적으로는 납득이 가지 않는 이런 행동을 직접적으로는 불가능하지만 간접적으로 보여 주겠다는 것입니다. 그럼으로써 절대로 옳다고 생각하는 검사의 판단이 그르다는 것을 분명히 밝히겠다는 것입니다. 정말 볼만한 장면이 아니겠습니까? 현장검증에서 대체 어떠한 일이 일어날까요? 저는 호기심에 차 있었습니다. 독자 여러분도 같은 심정일 것이고, 현장검증의 내용을 빨리 전해주길 바라시겠지요.

2

우리는 어느새 현장검증 현장에 와 있었습니다. 거기에는 높은 담에 둘러싸인 건물 하나가 서 있었습니다. 이 건물은 내부를 한 눈에 바라볼 수 있도록 지붕을 터놓았으므로 우리는 담 밖에 조립된 스탠드 위에서 일망지하에 모든 광경을 살펴볼 수 있었습니다. 담에는 좁은 정문 하나가 나 있었고 그 안쪽에 마당, 그 마당을 사이에 두고 문제의 건물이 들어서 있었습니다. 건물의 마당을 향한 벽에는 지금까지 떠들썩하게 논의되었던 두 개의 창이 나 있었는데 이 창들도 정문처럼 폭이 좁아서 차라리 틈바구니라 하는 편이 나을 듯했습니다. 이 건물에는 두 개의 창 이외에는 일체 다른 출입구가 없었고 가구도 놓여 있지 않아서 창고라고 불러도 좋을 그런 것이었습니다. 다만 사방의 벽 가운데서도 창의 맞은편 벽, 즉 피고가 붙잡힌 벽만은 특히 인상적으로 보였습니다. 담과 정문, 정문과 마당, 마당과 창, 창과 방과의 관계를 뚜렷이 보이기 위하여 그림을 그려 보았습니다. 두 개의 창들은 〈그림 3-1〉에서 A, B라 표시된 것입니다. 그림에서는 정문을 M, 범인이 붙잡힌 벽을 K로 표시해 놓았습니다.

피고가 먼저 정문 M에서 수위에게 잡혀 출입절차를 밟았고 끝으로 실내의 벽면 K에서 체포되었다는 이 두 가지 사실은 증언에 의하여 확인되어 있습니다. 이 두 사건이 일어나는 동안에 피고가 어떠한 행동을 취했겠는가 하는 것이 문제의 핵심입니다.

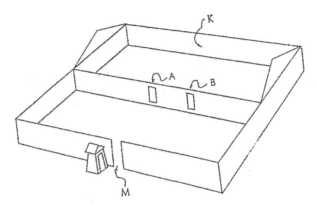

〈그림 3-1〉 M은 정문, A, B는 창, K는 벽

　이때 재판장이 기립하여 현장검증의 개시를 선언했습니다. 그리고 나서 변호인에게 발언을 촉구하자, 그는 일어나서 다음과 같이 말했습니다.

변「본격적인 현장검증을 시작하기 전에 예비적인 검증을 실시할 것을 제안하겠습니다. 그것은 피고의 행동에 대한 기존 관념에서 나온 판단이 어떻게 오류를 범하게 되는가를 단계적으로 보여드리기 위해서입니다. 본 변호인은 이제까지의 검사의 모든 논고가 논리적인 근거에서 나온 것임을 익히 알고 있습니다. 즉 검사의 관점은 이런 것입니다. '피고는 정문 M을 지나 벽 K에 도달했는데 그는 경로 1 또는 경로 2 중의 어느 하나를 택했을 것이다(변호인은 〈그림 3-2〉를 칠판에 크게 그렸습니다). 피고가 동시에 두 장소에 존재하는 것이 불가능하다는 것은 실증되어 있으니까 3과 같은 경로를 취했을 리가 없다. 피고가 만일 두 개의 창을 동시에 통과했다는 주장을 계속하려면 경로 3의 존재 가능

66

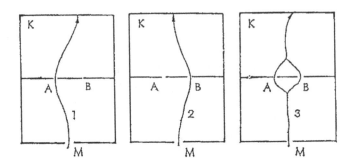

〈그림 3-2〉 추정되는 피고의 발자취

성을 입증해야 할 것이다.' 이상이 검사 및 여러분 대부분 의 생각일 것입니다」

변호인은 칠판의 그림을 가리키면서 변론을 계속했습니다.

변 「상식적으로 생각한다면, 이 견해는 자명한 사실이지만 피고 의 행동을 다루기에는 적합하지 못함을 검증을 통하여 여러 분께 증명해 드릴 생각입니다. 이제 다음과 같은 검증을 먼 저 실시하기로 하지요. 우선 피고를 정문 앞에 데려옵니다. 그다음 그를 정문 안의 창쪽을 향해 방면해 줍니다. 단 이 때 피고를 놓치는 일이 없도록 창이 나 있는 벽 앞에 경관 을 빈틈없이 배치해 주기 바랍니다. 그러면 피고가 어느 쪽 으로 달아나더라도 놓치는 일은 없을 것입니다. 정문에서 방 면된 피고는 뒷벽 어느 한 지점에서 경관 한 사람에게 붙잡 힐 것입니다. 여러분은 피고가 정문 M에서 X에 이르는 동 안에 어떤 행동을 취하는가를 주목해 보시기 바랍니다. 상식 적으로는 피고가 M에서 X에 이르는 어떤 한 경로를 따라서

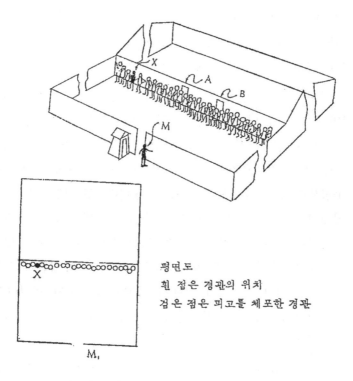

평면도
흰 점은 경관의 위치
검은 점은 피고를 체포한 경관

〈그림 3-3〉 경관의 배치, 검은 사람은 피고

움직일 것으로 생각되겠지요. 그러나 과연 그럴까요?」

변호인의 요청대로 수많은 경관이 창이 난 벽 앞에 빈틈없이 배치되었습니다. 〈그림 3-3〉을 보아 주십시오. 피고를 태운 호송차가 정문에 도착해서 출입구를 정문 쪽으로 향하게 한 다음 그 문을 나서는 피고를 수위가 일단 붙잡았다가 벽 쪽을 향해 방면해 주는 순서로 검증이 진행되리라는 변호인의 설명이 있었습니다. 상식적으로 생각하면 방면된 피고는 마당을 횡단해서 벽까지 도달한 다음 거기서 경관 한 사람에게 체포될 것입니다.

이렇게 M에서 X에 이르는 하나의 경로가 정해져야 하지 않겠습니까? 그런데 변호인의 말은 「그러나 과연 그럴까요?」라는 것입니다. 그렇지가 않다면 어떤 행동이 가능하다는 말인가요?

아! 호송차의 문이 열렸습니다. 차를 나서는 피고를 수위가 붙잡았다가 창이 난 벽 쪽을 향해 놓아 주었습니다. 나는 온 신경을 눈에 집중시켜 다음에 일어날 피고의 행동을 지켜보았습니다. 아니, 지켜보리라 생각했습니다. 피고의 모습을 혹시라도 놓칠세라 눈을 부릅뜨고 지켜보았습니다. 그런데 대체 어찌된 일일까요? 수위가 피고를 놓은 순간 피고의 모습이 사라져 버린 것입니다. 모습마저 드러나지 않는 정도이니 경로는 말할 것도 없지요. 우리가 모두 어리둥절해 있는 판에 경관이 〈앗〉 소리를 질렀습니다. 피고가 그에게 접촉하여 체포된 것입니다. 그러자 피고의 모습이 드러났습니다. 틀림없이 피고는 그 장소에 존재해 있었습니다.

방청인들은 변호인과 피고를 힐끗힐끗 보며 놀라서 숨도 제대로 쉬지 못하는 것 같았습니다. 그리고 M에서 X에 이르기 위해서 피고는 어떤 정해진 경로를 따라야 한다는 상식적인 판단도 이젠 수정되어야 할 것 같다고 그들은 생각하기 시작한 듯했습니다. 검증은 두서너 차례 반복되었습니다. 동일한 사태를 다시 목격하게 되자 사람들은 피고의 기묘한 행동을 다룰 적에는 보통의 판단을 반성 없이 사용하는 것은 약간은 위험할지 모르겠다고 생각하게 된 듯했습니다.

이때 변호인이 일어섰습니다. 사람들은 그가 어떤 설명을 가할 것이라 예상했는데 그는 「보신 바와 같이 이 검증에 대해서는 더 이상 설명하지 않아도 사정은 분명해졌을 것입니다」라고

III. 광자 재판 69

간단히 말했습니다. 그는 또한 이번 검증에 의해서 **피고의 위치**라든가 **경로** 등에 대한 기존 사고방식은 어떤 의미에서 수정되어야 한다는 사실을 인식해야 한다고 부언했습니다. 그리고 그는 제2차 검증을 시작하겠다고 말했습니다. 변호인의 말에 의하면 이번 검증이 **피고가 취한 경로**가 무엇을 의미하는 것인지를 깨닫게 해 주었다는 것입니다.

제2차 검증의 준비로 변호인은 마당과 실내에 경관을 빈틈없이 배치시켰습니다. 그리고 경관들에게 「제가 피고를 정문에서 창 쪽으로 방면해 줄 것입니다. 그러면 피고는 벽까지 가는 동안 여러분 중의 한 사람에게 접촉하겠죠. 그때 여러분은 피고를 가볍게 붙잡았다가—꽉 잡지 말고—바로 다시 놓아 주십시오」라고 지시했습니다.

경관의 배치가 끝나자 제1차 검증 때와 같은 절차에 따라 피고가 정문에서 벽 쪽으로 방면되었습니다. 방면되는 순간 피고의 모습이 사라져 버린 것도 전과 같았습니다. 그러나 이번에는 경관이 마당에 수없이 배치되어 있으므로 전의 경우와 달리 바로 문 가까이의 경관에게 피고가 접촉하게 되었습니다. 이 경관이 피고를 붙잡았으므로 그는 그 지점에서 모습을 드러냈습니다. 그가 바로 그 위치에 존재해 있었던 것입니다. 경관은 지시받은 대로 피고를 놓아 주었으므로 그의 모습은 다시 사라져 버렸습니다. 그러나 이내 다른 경관에게 잡혀 모습을 드러내고 다시 놓아지고 또다시 사라졌습니다. 이런 과정이 반복된 끝에 마침내 피고인은 창이 난 벽에 도달해서 여기에서 최후로 경관에게 붙잡혀 모습을 나타냈습니다.

자 보십시오. 이렇게 차례차례로 모습을 드러낸 지점들을 이

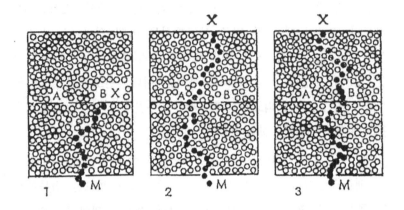

〈그림 3-4〉 추적된 피고의 모습, 검은 점은 피고를 체포한 경관을 표시한다

어가면 하나의 경로가 뚜렷하게 추적되지 않겠습니까? 그렇습니다. 하나의 경로가 추정될 것입니다.

〈그림 3-4〉는 이런 경로의 한 예입니다. 그림의 검은 점들은 경관이 서 있던 위치를 나타내는데 그중 검은 점들은 피고가 차례차례 모습을 드러낸 지점들을 나타냅니다. 이렇게 수없이 반복된 검증에서 추적된 경로는 예외 없이 한 개뿐이었습니다. 이 경로가 둘로 분리된 경우는 한 번도 없었습니다. 경로라는 것이 그런 의미의 것이라면, 그것이 둘로 분리되는 일은 결코 있을 수 없는 것이지요. 왜냐하면 전에 확인한 원칙에 따르면 피고가 어느 한 장소에 존재하는 사실이 경관 한 사람에게 목격된 이상 다른 장소에 피고가 존재한다고는 말할 수 없기 때문입니다.

반복 시행된 검증에서 특히 주목해야 할 것은 피고가 마당을 진행해 가다가 정확하게 창의 위치에 도달한 경우입니다. 이때는 그 지점에 위치한 경관이 그를 잡았다가 놓아 주고, 다시 실내에 있던 경관이 체포했다가 놓아 주고, 이런 식으로 진행해 가서 실내의 뒷벽에 이르게 됩니다. 〈그림 3-4〉의 2와 3은 그러한 경우의 경로를 나타내고 있습니다. 2에서는 창 A를 통과하고 있고 3에서는 창 B를 통과하고 있습니다. 그러나 이 경우에도 경로는 언제고 하나일 뿐, 피고가 두 개의 창을 통과하는 일이 전혀 없습니다. 검증을 끝내고 변호인이 말했습니다.

변 「이상의 검증으로 분명해진 사실은 경로가 이런 의미의 것이라 할 때 '경로는 결코 두 개로 나누어지는 일이 없고, 따라서 검사의 주장은 옳다'는 점입니다. 그러나 실제 범행 시의 상황은 방금 실시된 검증의 상황과는 판이하다는 점에 주목해 주시기 바랍니다. 즉 범행 시에는 현장에 범인을 체포할 경관이 한 사람도 없었다는 사실입니다. 따라서 피고는 정문과 뒷벽 앞에서 모습을 드러냈을 뿐, 다른 곳에서는 모습을 드러내지 않았던 것입니다. 따라서 그때 마당을 지나 실내에 들어가는 동안 지금의 검증의 경우와 같이 **어느 한 경로를 따랐다**고 단정할 근거는 전혀 없다는 점입니다」

변호인의 이 발언에 대해 검사는 다음과 같이 반박했습니다.

검 「변호인의 방금 발언은 이제까지 논의되어 온 사실의 반복에 지나지 않으며 하등의 새로운 내용도 들어 있지 않습니다. 변호인은 범행 시에 현장에 피고를 체포할 경관이 없었다는 이유를 들어 피고가 **어느 한 경로를 취했다**고 단정할 수는 없다고 주장합니다. 본관에게 피고가 목격되지 않는 동안은 모습을 드러내지 않는다는 것은 뜻밖의 사건이었습니다. 그러나 피고가 체포되어 모습을 드러낸 것은 예외 없이 단일 지점에 있었다는 사실입니다. 이때 은닉처에 경관을 숨겨 놓고, 피고에게 이 사실을 통고해 주지 않은 채 불시에 피고를 체포하는 경우에도 이 경우와 같을 것입니다. 사전통고도 없는 불의의 조사에 의하여 어떤 사람이 언제나 동일한 행동을 취하는 것으로 밝혀진다면, 그 사람이 감시를 받지 않을 경우에도 동일한 행동을 취할 것이라 판단하는 것은 아주 과학적이라 할 수 있을 것입니다. 만일 이것을 독단이라 해서 배척한다면 일체의 상황 판단은 성립되지 않을 것입니다. 요약컨대 사전통고 없는 불시의 조사 결과 피고가 언제나 오직 한 장소에서 발견될 것임이 인정되고 있는 이상, 피고가 모습을 드러내지 않을 경우일지라도, 그는 어딘가 오직 한 장소에만 존재할 것이라는 판단은 가능하다고 본관은 생각합니다. 그때는 피고가 어느 위치에 있는가를 아는 사람이 없을 따름입니다」

이렇게 말하고 검사는 경관을 은닉시켜 놓는 경우에 대한 검증을 필요로 한다면 실시해 볼 수 있다고 말했습니다. 그러나 변호인은 검사가 주장하는 대로의 사태가 일어날 것이 틀림없기 때문에 그럴 필요가 없다고 대답했습니다.

이때 검사와 변호인 간의 장시간의 논쟁을 묵묵히 듣고만 있던 재판장이 입을 열었습니다.

판「본관은 검사의 주장이 지당하다고 생각합니다. 사전통고 없이 불시에 조사를 실시했을 때 피고가 다른 두 지점에서 체포되는 사례가 결코 없다고 한다면, 아무에게도 목격되지 않는 경우에도 그럴 것이라 판단하는 것은 당연한 것으로 생각되는데…」

이 재판장의 발언에 대해 변호인은 난처하다는 표정을 지으면서

변「재판장까지 그런 속단을 하시면 곤란합니다」

라고 말해 방청인들의 폭소를 자아냈습니다. 변호인이 발언을 계속했습니다.

변「재판장 및 검사의 주장 속에는 하나의 커다란 전제가 내포되어 있다는 점에 주의해 주시기 바랍니다. 아까부터 주장되고 있는 것은 사정통고 없는 불시의 조사에 의해서 언제고 동일한 행동을 취한다는 사실이 확인된다면 조사를 실시하지 않을 경우에도 동일한 행동이 취해져야 할 것이라는 사실이었습니다. 이 경우 사전통고가 없다는 사실은 참으로 중요합니다. 말하자면 조사를 하겠다고 미리 통고할 때 나쁜 일을 저지르지 않을 것이라고는 단정할 수 없는 것입니다. 이 점은 분명합니다. 그러나 이런 종류의 단정을 할 때 사전통고가 없다는 사실만으로는 불충분합니다. 왜냐하면 조사 행위 자체가 그 사람에게 영향을 미쳐 그 사람의 행동에 무슨 변화를 주게 될지도 모르기 때문입니다. 사전통고가 없을지라도 조사 행위 자체가 그 사람의 행동에 변화를 일으킨다면, 조사 때에 나타나는 행동으로 조사를 실시하지 않을 때의 행동을 추정할 수는 없는 것입니다. 가령 밀수품을 단속할 때는 조사 행위로 인하여 밀수범들이 은닉해 둔 밀수

품이 사라져 없어지는 일은 결코 없을 것입니다. 즉 조사 행위가 밀수품에 영향을 주어 밀수품의 유무에 변화를 일으키는 일은 결코 없을 것입니다. 그러므로 이런 조사에 의한 심판은 적절합니다. 그러나 피고 광자의 존재 위치를 조사하는 경우는 어떨까요? 피고의 존재 위치를 조사하려면 누군가가 그를 붙잡아 봐야 한다는 것은 이제까지의 현장검증을 보셔서 깨달았을 것입니다. 이때 그를 체포해 보는 일은 상당히 과격한 행위입니다. 이 거친 행위로 인해서 피고의 행동에 변화가 일어나지 않았으리라고 누가 보증하겠습니까? 이 점이 일반 범인과 피고 광자가 다른 점입니다. 일반 범인의 존재 위치를 알아내려면 우리는 그를 붙잡아 볼 필요 없이 슬쩍 바라보기만 해도 됩니다. 가령 거울을 통해 보면 범인한테는 들키지 않고도 그의 존재 위치를 알아낼 수 있습니다. 그렇게 하면 이 조사는 범인에게 아무런 영향도 주지 않을 테고 따라서 아무런 변화도 일으키지 않을 것입니다. 이 사실이 존재한다면 일반 범인을 대상으로 하는 경우, 아무도 그의 모습을 직접은 보지 못했을지라도 어느 한 장소에 존재해 있다는 단정은 가능할 것이고, 따라서 여느 범죄인이 두 개의 창을 동시에 통과했다는 등의 주장을 하면 본인도 승복하지 않을 것입니다」

이리하여 변호인은 상식적인 판단의 저변에는 피고의 존재 위치를 파악하기 위한 조사 행위가 피고에게 아무런 영향을 주지 않은 채 몰래 실시될 수 있다는 가정이 전제가 되어 있다는 점을 분명히 했습니다. 그리고 이 가정이 허용된다면 모든 일은 검사의 얘기대로 되지만 그렇지 않을 경우에는 어떤 논리를

가지고서라도 검사의 주장이 유일한 것이라고는 말할 수 없다
는 것이었습니다. 이리하여 얼핏 보기에 양립할 수 없을 것 같
은 두 개의 주장, 즉 피고가 불가분한 한 개체라는 주장과 두
개의 창 양쪽을 한 번에 통과할 수 있다는 주장이 아무런 모순
없이 성립될 수 있다는 것입니다.

  검사와 변호인 간의 논쟁에 방청인들은 시종일관 경청을 했
습니다. 이때 재판장이 다시 발언을 했습니다.

판「변호인의 발언 취지는 알 것 같습니다. 이제 문제의 소재
  가 꽤 뚜렷해 진 것 같습니다. 변호인의 말대로 피고인 광
  자의 존재 위치는 그를 체포하는 따위의 난폭한 짓을 하지
  않으면 알아낼 수 없는데, 이것이 피고의 행동에 영향을 미
  쳐 그의 행동을 변화시킬지도 모를 일입니다. 그러나 이런
  난폭한 짓일지라도 반드시 영향을 미치리라고는 단언할 수
  없는 것이며, 또 그런 영향이 있다 해도 두 개의 창을 한
  번에 통과한다는 주장은 아직 적극적으로 증명되었다고 할
  수는 없습니다. 즉 변호인의 변론을 통하여 분명해진 점은
  목격되지 않을 때에는 피고의 행동을 추정하는 일이 **반드시**
  가능하지 않다는 것입니다. 그러나 **반드시** 가능하진 않을지
  모르나 **반드시** 불가능하다고는 역시 단언하기 어렵습니다.
  다시 말하면 '목격되지 않는다 하더라도 역시 하나의 경로를
  취한다'는 결론을 **반드시** 내릴 수 없음은 분명해졌으나, 하
  나의 경로만을 통과한다고 생각해서는 **안 된다**는 결론은 아
  직 내릴 수 없다는 것입니다. 불가분한 한 개체가 두 개의
  창을 동시에 통과한다는, 얼핏 보기에 억지같이 느껴지는 사
  실도 **반드시** 모순이 아닐 것임은 분명해졌더라도 사실상 **그**

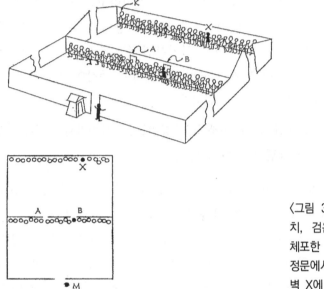

〈그림 3-5〉 경관의 배치, 검은 점은 피고를 체포한 경관. 피고는 정문에서 창 B를 통해 벽 X에 도달한다

렇다고는 아직 말할 수 없는 형편입니다. 이제 변호인에게 이 주장의 적극적인 증거를 제시할 것을 요구합니다」

이에 대해서 변호인은 또 다른 현장검증이 필요하다고 말했습니다. 그러나 오랫동안의 긴장된 논쟁으로 말미암아 일동이 피로를 느끼고 있으리라 판단했던지 재판장은 잠시 휴정을 선언했습니다. 필경 독자 여러분도 피로를 느끼고 계시겠지요. 저도 펜을 쥔 손이 아파졌으므로 여기서 잠시 펜을 놓겠습니다.

3

휴정 후에 실시된 검증 또한 상당히 거창한 것이었습니다. 변호인의 지휘에 따라 두 가지의 검증이 실시되었는데 모두가 꽤 오래 걸리는 것들이었습니다.

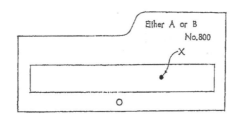

〈그림 3-6〉 카드 Either A or B. X는 피고가
체포된 위치를 표시한다

첫째 검증은 다음과 같이 실시되었습니다. 변호인은 〈그림
3-5〉처럼 정문에는 수위를 배치하고, 벽과 창 A, 창 B와 그리
고 벽 K앞에 경관들을 빈틈없이 도열시켰습니다. 창이 있는 위
치의 경관은 피고가 어느 쪽 창을 통과하는가를 검문해야 하는
역할을 맡았고, 이들은 피고를 살며시 잡았다가 놓아 주도록
명령받았습니다.

창이 나 있는 벽에 배치된 다른 경관들은 창을 벗어나 자기
앞으로 오는 피고를 체포하는 역할을 맡았습니다. 실내의 뒷벽
에 배치된 경관은 최후로 피고를 체포하는 역할이지만, 그들 중
누가 피고를 체포했는지, 바꾸어 말하면 피고인이 뒷벽의 어느
위치에 도달했는지를 일일이 기록해 두도록 지시받았습니다.

인원 배치가 끝난 뒤, 피고가 앞서의 검증 때처럼 정문에서
정원 쪽으로 방면되었습니다. 그러자 피고는 창을 벗어나 벽의
다른 지점에 도달하기도 하고, 창 B에 도달해서 살며시 잡히기
도 했습니다. 창을 지난 피고는 뒷벽의 어느 한 지점에서 체포
되고, 체포된 위치는 일일이 기록됩니다.

이 검증도 수백 차례 되풀이되었습니다. 여기서도 역시 이미

78

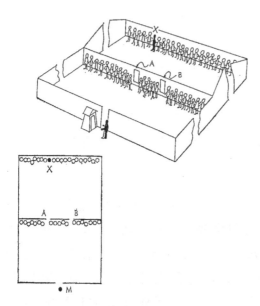

<그림 3-7> 경관의 배치. 이번에는 두 개의 창의 위치에 경관을 배치시키지 않았다

말한 원칙은 성립하고 있고, 피고가 창 A에 도달했을 때는 결코 창 B에 도달하지 않는다는 사실, 또 창 B에 도달했을 때는 결코 창 A에는 이르지 않는다는 사실들이 재확인되었음은 물론입니다.

이때 피고가 최종적으로 뒷벽에서 체포된 위치에 관한 데이터는 〈그림 3-6〉의 카드 위에 일일이 기록되었습니다. 이 카드에는 Either A or B라는 문구가 적혀 있는데 그것은 피고가 창 A 또는 창 B에서 일단 적발되었음을 의미합니다. 카드의 일련번호는 그것이 몇 번째 검증에 대한 기록인가를 표시하고 있습니다. 카드 위의 검은 점은 피고가 체포된 위치를 표시합니다.

이런 카드가 수없이 작성되어 산같이 쌓이자 둘째 검증이 시

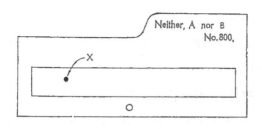

〈그림 3-8〉 카드 Neither A nor B

작되었습니다.

둘째 검증과 첫째 검증이 다른 점은 이번에는 창 A와 창 B 지점의 경관을 철수시켰다는 점입니다.

〈그림 3-7〉을 봐주십시오. 변호인의 말에 의하면 이 장면은 범행 현장과 동일한 상황입니다. 범행 현장에는 창 A, 창 B 위치에 경관이 없었음은 물론이고, 벽의 다른 위치에도 없었겠으나, 이 차이는 본질적인 것이 아니고 피고를 놓쳐서는 곤란하니까 그 위치에 경관을 배치시켰을 따름입니다.

이 검증에서는 창의 위치에 경관이 배치되어 있지 않으니까 피고가 통과하는 창의 위치를 분간해 낼 수 없고, 이 사실이 본질적으로 범행 현장과 동일하다는 얘기입니다.

이번에도 첫째 검증 때와 마찬가지로 정문에서 방면된 피고가 요행히 실내에 들어가게 되면 뒷벽 어느 지점에서 체포되게 되어 있습니다. 그리고 뒷벽의 피고가 도달한 위치는 일일이 기록되었습니다.

이 검증도 수백 번 반복 실시되어 피고가 체포된 위치는 〈그림 3-8〉과 같은 카드에 기록되었습니다.

이 카드에는 Neither A nor B라는 문구가 적혀 있습니다.
그것은 피고가 A, B 어느 창에서도 적발되지 않았음을 의미하
는 것입니다.

이것을 끝으로 현장검증은 일단락되었습니다. 이 카드에 수
록된 데이터를 근거로 해서 변호인이 결론을 이끌어내겠다는
것입니다.

변호인이 일어나서 말했습니다.

변 「우리는 피고의 행동에 대한 두 종류로 분류된 데이터를
얻었습니다. Either A or B의 데이터는 피고가 창에서
적발됨으로써 창 A, 창 B 어느 한쪽을 통과하는 장면이
목격되었을 때의 데이터이고, Neither A nor B의 데이
터는 창에서 적발되지 않고, 따라서 창을 통과했을 때 전
혀 모습을 드러내지 않았을 경우의 데이터입니다. 그런데
검사의 주장에 의하면 둘째 번 경우, 즉 피고가 모습을
드러내지 않은 채 창을 통과하는 경우에도, 모습을 드러
내며 통과한 경우와 동일한 행동을 취해야 한다는 것입
니다. 이 주장의 옳고 그름은 방금 얻은 두 종류의 데이
터를 비교 분석하면 분명해질 것입니다. 만일 검사의 주
장이 옳다면 Either A or B의 데이터나 Neither A nor
B의 데이터는 동일하지 않으면 안 될 것입니다. 지금부
터 이 사실을 조사해 보도록 합시다」

이렇게 말하고 변호인은 이 두 종류의 카드의 검은 점들을
각각 한 장의 종이 위에 옮겼습니다. 즉 변호인은 두 장의 큰
종이 위에 한 쪽에는 Either A or B 카드의 점들을, 다른 쪽

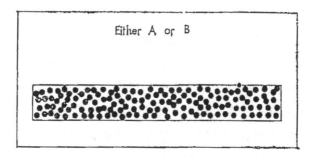

〈그림 3-9〉 카드 Either A or B 위의 점들의 집합

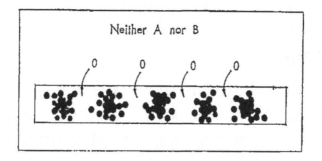

〈그림 3-10〉 카드 Neither A nor B 위의 점들의 집합

에는 Neither A nor B 카드의 점들을 차례차례 표시해 나갔습니다. 우리는 백지 위에 점들이 찍혀 나가는 것을 흥미 있게 지켜보았습니다. 처음에는 Either A or B 쪽 종이 위의 흑점들이나 Neither A nor B 쪽 종이 위의 흑점들이나 모두 드문드문한 불규칙적인 점들의 집합인 것으로 보였고 별 차이를 느낄 수 없었습니다. 그러나 흑점들이 더 많이 찍혀 나가자, 차이가 드러나기 시작했습니다. 수백 개의 점들이 찍혀 간 무렵에는 이 차이가 완연했습니다.

　두 장의 백지 위의 흑점들은 〈그림 3-9〉와 〈그림 3-10〉에
그려진 것 같은 모습이었고 Either A or B 쪽의 점들의 배열
과 Neither A nor B 쪽의 배열은 한눈으로 봐도 달랐습니다.
즉 앞의 것은 흑점들이 거의 균일하게 분산되어 있는 반면 뒤
의 것에는 흑점들이 밀집되어 있는 곳과 드문드문한 곳이 교대
로 규칙적인 바른 무늬를 형성하고 있었습니다. 특히 무늬 중
점들이 드문드문하게 분포되어 있는 곳의 한복판에는 점이 하
나도 찍히지 않은 장소가 있습니다(그림에서 0이라 표시된 곳이
이런 위치입니다). 즉 이런 장소에는 피고가 전혀 도달하지 않은
것을 의미합니다. 변호인은 종이 위의 점들의 모양을 지적하면
서 말했습니다.

　변 「여러분, 보십시오. 여기에 Either A or B와 Neither A
　　nor B의 각 경우에 대해서 피고가 도달한 위치를 표시
　　하는 카드 두 장이 얻어졌습니다. 이 두 카드 위의 점들
　　의 분포상태를 비교해 보면 뚜렷한 차이를 느낄 수 있습
　　니다. 즉 Either A or B의 경우에는 피고가 뒷벽의 모
　　든 지점에 다 도달한 반면에 Neither A nor B의 경우
　　에는 도달한 위치와 도달하지 않은 위치가 있고 그것이
　　교대로 나열되어 있는 것입니다. 특히 0으로 표시된 위
　　치에는 전혀 도달하지 않은 것입니다. 특히 0으로 표시
　　된 위치에는 전혀 도달하지 않은 것입니다. 이 사실은
　　'피고가 창에서 적발되지 않고 따라서 거기에서 모습을
　　드러내지 않을 경우에도, 적발되어 모습을 드러낸 경우와
　　같은 행동을 취한다'는 검사의 단정을 완전히 전복시키는
　　것입니다. 따라서 '창에서 모습을 드러내지 않은 때에도

모습을 드러낸 때와 마찬가지로 A, B 어느 한쪽만을 통과한다고 생각할 수 있다'는 주장은 완전히 무너지는 것입니다. 만일 그렇다고 주장한다면 Neither A nor B 경우 점들의 분포상태가 Either A or B 경우의 분포상태와 달리 어째서 그런 불가사의한 무늬를 나타내는지를 전혀 설명할 수 없는 것입니다」

변호인이 이렇게 말하고 잠시 숨을 돌리는 틈을 타서 재판장이 발언을 했습니다.

판 「그 정도로도 변호인의 변론 취지는 잘 알겠습니다. 아무튼 지금의 검증에 의하여, 피고가 모습을 드러내지 않고 창을 통과했을 때의 행동은 구별되어야 함이 분명합니다. 그러나 Neither A nor B의 경우에는 어째서 두 창을 동시에 통과한다고 하는 기묘한 사고방식을 도입하지 않으면 안 될까요? Neither A nor B의 경우에도 마찬가지로 A, B 어느 한쪽을 지나 실내에 침입한 후에 피고가 다른 행동을 취했다고 생각하면 어째서 안 될까요?」

변 「잠깐만 기다려 주시기 바랍니다. 그 점에 대한 설명은 아직 하지 않았으므로 이해 못하시는 것도 무리는 아니지요」

이러면서 변호인이 말리는 시늉을 했기 때문에 재판장은 쓴웃음을 지었습니다.

변 「방금 말씀하신 의문은 극히 중요한 것이라 생각합니다. 이 의문을 해명하려면 또 다른 검증이 필요하나, 그것을 실시하는 것은 뒤로 미루기로 하고 여기서는 그 검증 방법과 결과만을 말씀드릴까 합니다.

그 검증은 대체로 위의 Neither A nor B의 검증과 비슷하나 한쪽 창을 닫아 놓는 것만이 다릅니다. 이 경우 피고인이 뒷벽에 도달하는 위치를 기록해 본다면 A를 닫을 경우나, B를 닫을 경우나 모두 〈그림 3-9〉와 비슷하게 균일한 점들의 분포가 얻어질 뿐, 무늬 같은 것은 절대로 나타나지 않습니다. 즉 이 경우에 피고는 뒷벽의 임의의 위치에도 도달할 수 있습니다. 이제 이 결과를 검토해 봅시다. 우선 검사가 주장하는 것 같이 Nether A nor B의 경우에 '피고가 모습은 드러내지 않았지만 모습을 드러낸 때와 마찬가지로 두 개의 창 중 어느 한쪽으로만 통과했다'고 가정해 봅시다. 그렇다면 피고는 창 A를 통과할 때에는 창 B를 통과하지 말아야 할 것이고 또 창 B를 통과할 때에는 창 A를 통과하지 말아야 합니다. 그러면 창 A를 통과한 때에는 창 B가 닫혔더라도 피고에게는 하등의 영향이 주어질 리 없고, 또 창 B를 통과한 때에는 창 A가 닫혔더라도 피고에게 아무런 영향도 미치지 않을 것입니다. 따라서 두 개의 창이 존재할 경우의 피고의 행동은 창 A를 닫은 때의 그것이든가 또는 창 B를 닫은 때의 그것이든가의 어느 하나가 되어야 합니다. 따라서 한쪽 창이 닫혀 있을 경우에 피고는 뒷벽의 임의의 지점에도 도달이 가능할 것이 분명합니다. 그렇다면 왜 두 개의 창이 존재할 경우 0이라 표시된 위치에는 피고가 도달하지 않을까요? 왜 두 개의 창에 특유한 무늬 형태가 나타날까요?」

이렇게 장광설을 늘어놓은 후 변호인은 최후로 결론을 맺었습니다.

변 「이상의 결과들을 토대로 본 변호인은 많은 동료들과 더불어 모습을 드러내지 않을 때의 피고의 행동에 대해서 면밀히 생각을 해 보았습니다. 저도 처음에는 위의 가정, 즉 '모습을 드러내지 않을 때에도 한쪽 창밖으로 통과 못한다'는 가정 없이도 두 개의 창이 공존하는 경우에 나타나는 특유의 무늬를 이해할 방도가 없을까 하고 이 모저모로 궁리해 보았습니다. 그러나 이러한 시도들은 모두 실패였습니다. 이 두 개의 창 문제뿐이었다면 이런 가정 없이도 피고의 행동을 이해하는 것이 반드시 불가능하지는 않았습니다. 그러나 그와 같은 고식적인 해결 방법으로는 좀 더 복잡한 상황 밑에서 드러날 여러 불가사의한 행동을 설명하는 것은 불가능했습니다. 이리하여 최후로 도달한 결론은 위의 가정을 버릴 수밖에 없다는 것이었습니다. 즉 피고는 **목격되지 않을 때에는 양쪽 창을 동시에 통과한다**고 생각하지 않을 수 없다는 견해가 불가피했습니다」

물을 끼얹은 듯 정숙한 분위기 속에서 일동은 변호인의 변론을 경청했습니다.

변 「불가분의 개체인 피고가 목격되지 않을 때는 두 개의 창을 동시에 통과한다는 기묘한 성질을 갖는 것이라 한다면 그런 행동을 묘사하기 위해서는 어떤 방법을 사용하는 것이 적합할까요? 보통의 물체의 운동은 경로를 나타내는 세 개의 함수 x(t), y(t), z(t)에 의하여 기술될 수 있습니다. 그러나 피고에 대해서는 이것이 불가능합니다. 왜냐하면 이런 함수들은 경로가 항상(모습을 드러내지 않을 때에도) 존재한다는 사실을 전제로 하고 있기 때문입니다. 그런데 피고는 경로에 따라 움직인다는 속성 등은 지니지 않는 것입니다.

그렇다면 이런 기묘한 것의 행동을 기술하는 데는 x(t), y(t), z(t) 대신에 무엇을 사용하면 되겠습니까? 이에 대한 답을 이 자리에서 말씀드리자면 적지 않은 시간이 걸릴 것이므로 본 변호인은 여기에 책 한 권을 준비해 왔습니다. 이 책은 피고의 행동에 대하여 본 변호인이 많은 동료들과 더불어 생각에 생각을 거듭한 결과들을 종합해 놓은 것입니다. 여기서 요점만을 말씀드린다면, 이러한 것의 **상태**는 무한차원 복소공간 안의 원점으로부터 그어진 벡터로 표시되면, 피고의 행동은 이 벡터—그것을 $\psi(t)$라 씁시다—의 시간적 변화로써 기술된다는 것입니다. 이는 보통의 물체의 운동이 그것의 위치가 시간에 따라 어떻게 변화하는가 하는 식으로 기술되는 것과 비슷합니다. 피고는 이와 같이 **경로**라는 속성을 지니지 않는 기묘한 것이지만, 우리는 이런 기묘한 것이 실제로 존재한다고는 생각해 본 적이 없었습니다. 그런 까닭에 유감스럽게도 피고는 적지 않은 오해를 받았던 것입니다. 기존 법칙을 무시하는 불온한 자라 간주되기도 했었고, 지극히 모순된 발언을 하는 정신병자라 생각된 적도 있었고 또 어떤 때는 실체가 없는 유령이라 생각되기도 했습니다. 그러나 이런 일들은 전부 피고가 보통의 물체와는 전혀 다른 무엇임을 인식하지 못하고 그의 행동을 상식적으로 다루려고 했기 때문에 초래된 것이었습니다.

피고가 이렇듯 특수한 것이라면, 그가 모습을 드러냈을 때에는 불가분한, 따라서 두 개의 장소에 동시에 존재할 수 없지만, 모습을 드러내지 않을 때에는 두 개의 창을 동시에 통과한다는 등의 제3의 가능성도 결코 있을 수 없는 것이 아니라는 사실이 충분히 이해가 됩니다. 우리의 새 기술법에 의하면 피고의 행동은 다음과 같이 다루어집니다. 피고가 창 A에서 모습을 드러낼 경우의 상태를 벡터인 ψ_A라 하고, 창 B에서 모습을 드러낼 경우의 상태를 ψ_B라 합시다. 이때 우리가 결론으로 얻은 비교 방식에 따르면, 두 개의 가능성에 각각 대응하는 두 개의 벡터 ψ_A와 ψ_B는 직교하며 서로 다른 차원의 방향을 향합니다. 가령 피고가 $\psi=\psi_A+\psi_B$로 표현되는 상태에 있다고 합시다. 이때 이 ψ는 ψ_A나 ψ_B와 같지 않음은 분명합니다. 따라서 이 상태에 존재하는 피고는 창 A 위치에도, 창 B 위치에도 있지 않은 어떤 제3의 상태에 존재하는 것입니다. 제3의 가능성이 존재한다 함은 이런 의미입니다. 그리고 이때 제3의 상태에 존재한다 함은 ψ_A 상태 및 ψ_B 상태와 전혀 무관한 어떤 C라는 상태에 존재한다는 뜻이 아닙니다. 이는 보통의 공간에서 X방향 벡터와 Y방향 벡터의 합이, X 또는 Y방향과 다른 방향을 취하지만 그렇다고 X, Y방향과 무관한 Z방향을 취한다고 말하지 않는 것과 똑같습니다. $\psi=\psi_A+\psi_B$ 상태에 존재하는 피고는 A상태, B상태도 아닌 A, B 두 상태와 유관한 특이한 존재 방식을 취하고 있는 것입니다. 실제로 피고가 $\psi=\psi_A+\psi_B$인 상태에 존재할 때, 얼마의 시간이 경과한 후 앞에서와 같은 그런 실험을 해 보면, 그가 체포되는 위치들은 〈그림 3-10〉에 나타난 것 같은 특이한 무늬 모양이 얻어집니다. 이에 반해 ψ_A 또는 ψ_B의 어느 한 상태에 존재해 있을 때 동일한 실험을 해 보면, 그때는 〈그림 3-9〉와 같은 결과가 얻어짐을 알게 됩니다. 이와 같이 $\psi=\psi_A+\psi_B$인 상태는 식의 형태에서뿐 아니라 실험 결과와도 두 개의 창과 밀접히 관계되어 있음을 알 수 있습니다. 우리는 이 사실을 '이런 상태에 존재하는 피고는 두 개의 창을 동시에 통과한다'는 말로 표현했었습니다」

변호인은 이렇게 말하고 한 권의 책을 재판장 앞으로 제출했습니다. 그리고는 다음과 같은 말을 덧붙이며 그의 장시간의 변론을 마쳤습니다.

변「재판장님, 검사님 그리고 방청인 여러분, 여러분께서는 이 책을 읽어보시고 피고의 불가사의한 행동에 대해서 충분한 이해를 얻으실 것을 부탁드립니다. 이 책을 읽으신다면, 불쌍한 피고에 대한 온갖 오해가 풀리게 될 것을 본인은 확신합니다. 이상으로 본 변호인의 변론은 끝맺겠지만, 마지막으로 한마디 부언코자 합니다. 제가 영국인이라서 이 책은 영어로 쓰여 있지만, 다행히 일본어판이 출간되어 있습니다. 그러니 일본인 여러분께서는 이 번역판을 읽으셔도 되겠습니까. 니시나(仁科), 도모나가(朝永), 다마키(玉木), 고바야시(小林) 네 분에 의한 번역으로 〈명역〉이라는 평을 듣고 있는 책입니다」

　나 자신의 이름이 불리는 것을 듣고 깜짝 놀랐는데 변호인은
푸른 눈동자를 껌벅이면서 싱긋이 웃고 나를 보면서 그 책을
내밀었습니다. '아! 어디선가 본 듯한 인상인데' 하고 생각하면
서 기억을 더듬자 생각이 났습니다. 그는 예전에 방일(訪日)한
일이 있는 영국의 위대한 양자물리학자 디랙이 아니겠습니까?
그는 그 책을 내 눈앞으로 가져 오더니 그 책으로 내 얼굴을
꽉 눌렀습니다. 나는 얼결에 앗 소리를 지르고 눈을 떴습니다.

　정신을 차리고 보니 나는 디랙의 『양자역학의 원리』*의 10
페이지쯤을 읽다가 책에 얼굴을 박고 선잠이 들었던 것을 깨달
았습니다. 재떨이에 놓였던 피우다만 담배는 재가 되어 버렸고
석양빛은 방 안의 맞은편 벽까지 길게 뻗쳐 있었습니다. 꽤 오
랫동안의 까다로운 꿈에서 깬 나는 이상한 나라의 꿈에서 깬
앨리스(Alice)처럼 넋 나간 듯 잠시 어리둥절해 있었습니다.

　펼쳐진 책장에는 다음과 같은 문구가 적혀 있었습니다.

　"우리는 이제 광자가 입사광에서 분리될 두 성분의 어느 쪽으로
도 부분적으로 진행해 간다고 기술하지 않으면 안 된다."

---

*『양자역학의 원리(The Principles of Quantum Mechanics)』는 현대물리학
을 연구하려는 사람은 누구나 한 번은 읽어 보아야 한다는 명저로 알려져
있다.

Ⅳ. 양자역학적 세계상

1

 이론물리학은 오늘날 하나의 큰 난관에 봉착해 있어서 무언가 근본적인 사고의 변혁이 없는 한 앞으로 나갈 수 없는 형편에 처해 있다. 이 난관이란 상대성이론에서 요구되는 장의 개념과 플랑크(Max Planck, 1858~1947)의 작용양자 개념이 현재의 형태로는 잘 융합되지 않음을 말한다. 이런 상태에서 우선 현재의 양자역학적 세계상이 어떤 것인가를 이야기함으로써 우리의 토대를 튼튼히 함과 동시에, 난관이 어떤 양상으로 나타나는가를 독자에게 이야기해 나가기로 하겠다.

 그러기 위해서는 역사적인 이야기를 해 가는 것이 편리할 것이다. 양자역학은 최초에 광속도보다 느린 속도로 운동하는 대상에 대한 법칙으로 출발하였다. 즉 최초로 완성된 것은 비상대론적 양자역학이었다. 그 무렵 대부분의 물리학은 이 이론을 수학적으로 약간 더 일반화시키면 광속도에 가까운 속도로 운동하는 물체에 적용할 수 있는 이론을 얻을 수 있으리라 믿었다. 그리고 실제로 이렇게 해서 오늘날의 소립자론이 형성되었다. 그리고 이 이론은 물질을 구성하고 있는 여러 소립자들의 성질을 결정하는 데 크게 이바지하고 있다. 특히 주목해야 할 사실은 양전자나 중간자 등의 새로운 소립자들의 발견이 모두 실험적 발견이 있기 전에 이론에 의하여 예언되고 있었다는 점이다.

 그러나 이러한 이론, 즉 비상대론적 양자역학에 간단한 수학적 일반화를 가하여 얻어진 이론은 이와 같은 성공적인 일면을 지니고 있기는 하지만 극히 부분적인 자연현상밖에 기술하지 못했다. 이 이론을 이 영역 밖으로까지 확장하려면 얼마 가지 않아 모순에 빠져 버린다. 모순에 빠진다 함은 그렇게 해서 얻어진 이론이 수학적으로 해(解)를 갖지 않는다는 뜻이다.

2

이 이론의 성공적인 면을 이야기해 나가는 준비로 먼저 양자역학에서 흔히 들을 수 있는 입자와 파동의 이중성 문제로부터 시작하자.

플랑크가 20세기 초 양자(quanta)를 발견하기 전까지는 흑체복사(black-body radiation)스펙트럼 문제는 자연이 우리에게 제시한 하나의 수수께끼였다. 뉴턴 역학과 맥스웰 전자기학에 의하면, 어떤 온도로 유지되어 있는 벽으로 둘러싸인 공동 내부의 복사스펙트럼은 열적 평형상태에서 모든 파장의 빛이 동일한 세기를 갖는다. 따라서 벽의 온도를 $1℃$ 올릴 때마다 각 파장의 빛들은 일제히 에너지가 $1.38 \times 10^{-16}erg$씩 증가한다고 말할 수 있다. 이 $1.38 \times 10^{-16}erg$라는 양은 작은 양이라 생각될지 모르나 공동 안에는 얼마든지 짧은 파장의 빛이 발생될 수 있으므로 앞에서 말한 〈모든 파장의 빛〉이란 전체적으로 무한대(∞) $\times 1.38 \times 10^{-16}erg$의 에너지를 의미한다. 벽의 온도를 $1℃$ 올리는 데 무한대의 에너지를 공급해야 한다는 사실이 이 이론으로부터 유도되는 결론이다. 그러나 이 사실은 물론 실험과 일치하지 않는다.

이 난관을 플랑크는 에너지양자 개념을 도입해서 극복했다.

그의 견해를 한마디로 말한다면 다음과 같다. 모든 물체가 연속체가 아니라 더 나눌 수 없는 원자로 구성된 것과 같이, 복사에너지도 연속량이 아니고 그 이상 나눌 수 없는 소량(양자)들로 이루어져 있다. 이 소량의 크기는 문제로 하는 빛의 진동수에 비례한다. 예컨대 적색광의 소량은 2.6×10^{-12}erg인데 진동수가 더 큰 자색광의 소량은 5.2×10^{-12}erg이다. 진동수를 ν라 쓸 때 소량의 크기는 hν로 주어진다. 이 비례상수 h는 플랑크의 작용양자라고 불리는 것으로 C. G. S. 단위계를 사용할 때 h의 크기는 6.6×10^{-27}이다. 에너지소량이 진동수에 비례하기 때문에 ν가 작은 빛에 대해서는 이 소량은 문제가 되지 않을 정도로 작다. 그러나 ν가 큰 빛에 대해서는 h가 상당히 크다. 이렇다면 에너지의 원자적 구조를 생각하지 못한 뉴턴이나 맥스웰의 이론으로부터 유도된 1.38×10^{-16}erg라는 양은 수정되어야 한다. 자색광의 hν는 5.2×10^{-12}erg이므로 고전적인 이론으로는 온도를 $1000°K$ 정도 올려도 이 자색광은 $1000 \times 1.38 \times 10^{-16}$erg의 에너지밖에 가질 수 없다. 그런데 플랑크에 따르면 빛이 hν보다 작은 에너지를 가질 수 없기 때문에 이 온도 정도에서의 자색광의 세기는 거의 0이다. 물체가 가열되면 빛을 내는데, 온도가 낮으면 붉은빛이 나는 것은 바로 이 사실을 입증하는 것이다. 온도를 더 올려서 자색광까지 발생시키면 물체는 백색이 된다. 이처럼 파장이 짧은 빛에는 에너지가 조금밖에 분배되지 않으므로 앞에서 말한 무한대가 되는 일은 없다.

3

에너지양자 개념은 맥스웰전자이론과 엄청난 모순을 드러낸다. 맥스웰이론에서는 장론(field theory)의 일반적인 특징으로 빛의 에너지가 공간에 연속적으로 확산되어 있는 것으로 생각한다. 모순점은 다음의 경우를 생각해 보면 대략 분명해질 것이다.

충분히 큰 공동 속에 일정한 파장의 빛이 충만해 있다고 가정하자. 플랑크의 견해에 따르면 이 빛은 $h\nu$의 1배, 2배 3배…가 되는 에너지 값을 갖지 않으면 안 된다. 즉 $h\nu$의 1/3배라든가 $\sqrt{\pi}$배 되는 값은 존재할 수 없다. 다음 이 공동의 벽에 구멍을 뚫는다고 생각하자. 빛은 이 구멍을 통해 누출될 것이므로 공동 속의 에너지는 점점 감소할 것이다. 그러나 이 에너지는 $h\nu$의 정수배여야 하므로 연속적으로 감소할 수는 없다. 문자 그대로 점점 줄어든다고 할 때의 한 점은 $h\nu$만큼씩이다. 따라서 공동 속의 빛에너지가 아주 희박하게 분포되어 있다면, 장론에서와 같이 공간에 에너지가 연속적으로 분포되어 있을 경우 $h\nu$만큼의 에너지는 아주 넓은 공간에 퍼져 있는 것이 모아져야 할 것이다. 따라서 구멍에서 먼 위치에 있는 에너지가 순간적으로 집합되어 구멍 밖으로 나와야 한다. 이 사실은 맥스웰이론으로는 설명할 수 없다.

플랑크가설은 빛에너지가 공간에 확산되어 있는 것이 아니라, 공간 안의 이곳저곳에 점상의 덩어리로 응집해 있으리라는 것이다. 이 한 덩어리의 양이 $h\nu$이다. 다시 말하면 이 입자들로 구성되어 있다는 견해다. 이것이 바로 아인슈타인의 광양자설이다. 이 가설에 따르면 적색광은 2.6×10^{-12}erg의 광입자들이 광속도 c로 이동한다는 것이다.

광양자설은 광전효과에 의하여 확인되었다. 즉 빛을 물체에

쬐면 물체 속에 있던 전자가 에너지를 얻어 밖으로 튀어나오는 데 이때 전자가 얻는 에너지는 빛의 세기 등에는 무관하고 진동수 ν인 빛에 대해서는 $h\nu$가 된다.

그러나 광양자설은 한편 상당한 난점을 내포하고 있다. 즉 이 가설로는 빛의 간섭이나 회절현상 등을 설명할 수 없다. 광전효과가 빛의 입자성에 확증을 준 것만큼 이 현상들은 파동성의 확실한 증거를 제공하고 있는 것이다.

이 점에서 장의 개념과 작용양자 개념이 융합되지 않는다. 그러나 이런 의미의 모순은 양자역학의 완성으로 일단락 지어졌다. 결국 어떤 대상에 대해서 파동 또는 입자의 개념을 사용하는 것은 어떤 면에서는 양쪽이 다 옳으나 전면적으로는 옳지 않다는 사실이 뚜렷해진 것이다.

4

이제 양자역학이 이 이중성 문제에 어떤 해결을 주었는지를 이야기해 보기로 하자.

빛이 어떤 현상에서는 입자처럼, 어떤 현상에서는 파동처럼 행동한다는 사실은 실험에 의하여 분명해 졌다. 그런데 이것을 아무 모순 없이 하나의 가설로부터 도출할 수 있을 것인가? 우리가 지니고 있는 파동이나 입자에 대한 개념은 양립할 성질의 것이 아니다. 그러므로 빛을 파동이라 말하면서 또 입자라 말하는 것은 확실히 모순이다.

그러나 모순이라고 말하기 전에 실험 사실을 좀 더 냉정하게 분석해 보지 않으면 안 된다. 빛이 입자라는 결론의 근거가 된 광전효과를 살펴보면 전자에 의한 빛에너지의 주고받음은 $h\nu$

혹은 0일 뿐이지 그 중간값인 $1/3h\nu$ 등은 될 수 없다는 사실 이상의 내용은 없다. 이 실험 사실을 토대로 일상적 개념인 〈입자〉를 바로 도입하는 것은 실험 사실을 그 이상으로 확대 해석하려는 것과 같다. 마찬가지로 빛이 간섭을 나타내는 것은 빛에 위상이라는 속성이 있다는 사실 이상의 내용을 지니는 것이 아니다. 그렇다고 해서 바로 파동을 연상하는 것도 마찬가지 이야기가 된다. 양자역학이 출현하기 전부터 우리들은 에너지의 수수는 소량적인 성질을 가지며 공간 각 지점에서 위상을 지니는 어떤 것이라는 개념을 형성하게 되었지만 자연이 이런 것의 존재를 보여 주고 있는 이상, 우리들은 아이들이 자기 주변의 물체에 대한 개념을 형성해 나가는 식으로 이 새로운 것에 대한 개념에 익숙해지도록 해야 할 것이고 또 그럴 수 있을 것이다.

양자역학은 이러한 것의 개념을 모순 없이 명확하게 규정하는 데 성공했다. 이것은 파동도 아니고 입자도 아닌 전혀 새로운 것이다. 혼동의 우려가 없을 경우, 양자역학에서도 이것을 양(量)자화(quantized)되었다는 형용사를 붙여서 입자 또는 파동이라 부른다. 그러나 〈양자화된 입자〉와 〈양자화된 파동〉은 별개의 것이 아니라 하나에 대한 다른 명칭이다. 요르단*(Ernst Pascual Jordan, 1902~1980)의 말과 같이 이 양자역학적인 어떤 것은 지금까진 전혀 알려지지 않은 신기한 것이긴 하지만 우리의 세계상은 이로 인하여 그만큼 단순해진 셈이다. 즉 양자역학 이전에는 자연계의 파동과 입자의 두 개념이 존재한다고 생각했으나 실제로는 이와 같이 단 한 가지뿐이라는 것이다.

---

*독일의 물리학자 보른(Max Born, 1880~1970)과 함께 양자역학을 발전시켜 그 체계화에 공헌하였다.

양자역학적 세계상을 구성하고 있는 모든 요소들 즉 원자, 전자, 양성자 또는 광자, 이 어느 것이나 이러한 양자역학적인 〈어떤 것〉이다. 그리고 전자기장 등의 장의 개념도, 그 장에 나타나는 것이 보통 의미의 파동이 아니라는 식으로 모습을 달리하게 되었다.

이 양자역학적인 〈어떤 것〉에 적당한 명칭을 붙이는 것이 바람직하지만, 현재 물리학자들 사이에서 일반적으로 통용되고 있는 것은 없다. 그다지 좋은 명칭도 못되지만 〈어떤 것〉이라고 되풀이해 부르기도 곤란하니까 아서 에딩턴*(Arthur Stanley Eddington, 1882~1944)을 따라 이것을 웨이비클(wavicle)이라 부르기로 하자.

웨이비클이란 개념을 명확하게 규명하려면 수학적인 정의를 사용하지 않을 수 없다. 일상생활 중에 이런 것이 나타난 적이 없기 때문에 일상적인 언어로 개념을 규정할 수 없는 것이다. 그러나 수식을 나열해서 독자의 머리를 복잡하게 하는 것이 이 글의 목적은 아니므로, 이 양자역학적 세계의 풍경을 어렴풋하게나마 독자의 머릿속에 떠올리는 정도로 만족하지 않을 수 없다. 이것은 마치 음악이나 그림을 문자로 표현하는 것과 같아서 무척 어려운 일이지만 최대한 노력을 해보기로 하자.

---

*영국의 천문학자. 1914년 케임브리지 천문대장. 1916년 아프리카 서안 포르투갈령 프린시페도에 일식 관측대를 파견하여 아인슈타인의 일반상대성이론을 확인한 것으로 유명하다. 상대론 및 양자론의 연구에도 크게 기여하였다.

5

우선 말할 수 있는 것은 웨이비클은 그 〈위치〉를 측정할 수 있고 그것의 〈운동량〉, 〈에너지〉를 측정할 수 있는 어떤 것이라는 점이다. 또한 웨이비클의 〈위상〉, 〈진폭〉, 〈파장〉 등도 측정 가능하다. 그러나 보통의 입자라면 그것의 위치와 운동량을 동시에 측정할 수 있지만 웨이비클의 위치와 운동량을 동시에 측정하는 것은 불가능하다. 또한 일상적인 파동처럼 웨이비클의 진폭*과 위상은 동시에 측정할 수 없다. 웨이비클이란 그러한 것이다.

이 사실만으로는 아직 웨이비클의 개념이 뚜렷해졌다고 말할 수 없다. 약간 수학적인 이야기가 되겠지만 독자 여러분은 잠시 참을성 있게 들어 주기 바란다. 그 전에 하나 주의해 둘 것은 뉴턴이나 맥스웰이론에서의 입자, 파동의 개념이라 하더라도 일상적인 그런 것들은 결코 아니라는 사실이다. 이들이 구성요소가 되어 있었던 전세기에 완성된 고전물리학적 세계상에서는 누구나 다 물리학적 세계에는 색도 없고 소리도 없고, 오직 운동량만이 존재한다고 생각하는 것처럼 이 입자들에 대해서도 색 등을 문제 삼는 것은 의미가 없다. 온도 등의 속성도 없다. 파동에 대해서도 마찬가지로 그것이 파동이라는 의미는 위상과 진폭을 말할 수 있다는 정도일 뿐 연상 작용에 의하여 파의 색이나 소리 등을 생각하는 것은 허용되지 않는다. 간단하게 말해서 색도 없고 온도도 지나지 않는 입자라든가, 색도 없고 소리도 수반하지 않는 파동이라는 것은 존재할 수 없다고 말할 수 있다. 그러므로 고전적 입자나 파동의 개념도 사실은

---

*엄밀하게는 진폭의 제곱

수학적 정의를 사용하지 않고서는 명확하게 규정할 수 없는 것들이다. 이만큼의 전제를 해 두고 얘기를 계속해 나가자.

수많은 웨이비클들로 구성된 계가 있다고 가정하자. 그때 일반적인 물리학적 대상에서도 그렇듯이 우리는 이 계를 대상으로 많은 측정을 행함으로써 계의 상태를 결정할 수 있다. 만일 이것이 몇 개의 입자만으로 구성된 고전적인 계라면 우리는 모든 입자들의 위치와 운동량을 측정해서 이 계의 상태를 결정할 수 있다. 그러나 계가 웨이비클들로 구성되어 있는 경우, 앞에서 말한 바와 같이 각 웨이비클의 위치를 측정하고 동시에 운동량을 측정할 수는 없다. 많은 측정이라고 말했지만 이 측정 횟수는 웨이비클계의 경우가 고전물리학적 계의 경우보다 훨씬 적다.

측정에는 대상의 상태를 파악한다는 수동적 기능과 함께 정해진 상태를 갖는 대상을 창조해 낸다는 능동적 기능이 있다. 입자의 위치와 운동량을 측정할 수 있으면, 그런 측정값을 갖는 입자계가 새로 형성되는 셈이다. 앞에서 말한 바와 같이 정해진 상태의 웨이비클계를 작성하기 위하여 행할 수 있는 측정 횟수는 고전적 입자계나 파동계의 그것보다 적다.

웨이비클이 이런 것이라 한다면 우리는 파동성과 입자성이 모순이라 주장할 근거를 잃게 된다. 즉 간섭이 나타나는 측정 실험을 행한 빛은 그 실험에 의하여 결정되는 위상*의 상태에 있게 된다. 그러나 빛이 웨이비클인 이상 그와 동시에 그 진폭을, 따라서 에너지 분포를 측정할 수는 없다. 따라서 이 상태에 있는 빛에 대해서 빛이 덩어리로서 공동 속의 어느 지점을 날

*엄밀하게는 위상 차라 말하는 편이 낫다.

아가고 있느냐를 문제 삼는 것은 의미가 없다. 마찬가지로 빛의 입자성을 드러내는 실험을 행해서 에너지가 $h\nu$의 덩어리로서 어떤 위치에 존재한다는 것을 측정하고 동시에 빛의 위상을 측정하는 것은 불가능하다. 그렇기 때문에 이 경우의 빛이 파동으로서 전파되는가 하는 문제는 사라져 버린다. 사실 빛은 이런 경우에 간섭을 나타내지 않는다.

　빛의 위상을 측정하고 동시에 그 진폭을 측정할 수는 없다고 말했지만, 〈동시에…할 수 없다〉는 의미를 설명할 필요가 있을지 모르겠다. 빛에 대해서 이 두 가지의 측정이 〈동시에〉는 불가능하다 해도 먼저 위상을 측정하고, 그다음에 진폭을 측정하면 되지 않을까 생각할지도 모른다. 그러나 여기서 말하는 〈동시에〉란 실험을 행하는 시각을 문제 삼는 것이 아니라 보통의 파동에서와 같이 위상과 진폭이 둘 다 정해진 상태를 만드는 것이 불가능하다는 뜻이다. 실제로 빛의 위상을 측정한 직후에 진폭을 측정하면 그 후 빛은 간섭을 나타내지 않는다. 즉 이전에 행한 위상 측정실험은 진폭을 측정함으로써 완전히 무효가 되어 버린다. 진폭을 측정한 후의 빛의 상태는 그 실험에서 얻어진 진폭값만으로 새로이 결정되어 버리고 실험 전의 위상에 관한 데이터는 그 후의 사실에 대해서 아무런 영향도 미치지 않는다. 웨이비클이란 이러한 것이다. 웨이비클의 상태는 일반적으로는 측정실험을 행할 때마다 그때그때 결정된다. 이것을 측정 행위가 웨이비클의 상태에 영향을 미친다고 말해도 좋다.

　그렇다면 빛을 위상이 결정된 상태로 만들어 놓은 다음에 진폭측정을 행한다면 어떠한 측정 결과가 얻어질 것인가? 그 결과는 확정되지 않고 실험을 행할 때마다 다른 값이, 게다가 가능한 모든 값이 똑같은 확률을 갖는 것으로 나타난다. 앞에 간단히 〈동시에… 할 수 없다〉고 말했지만, 이 간단한 말 속에 이 사실까지 포함되어 있는 것으로 해석된다. 만일 진폭의 측정값이 결정된다면 위상 상태를 결정하는 실험에 의해서 동시에 진폭도 이 값으로 결정된다고 생각해야 하기 때문이다.

수학적인 이야기를 하지 않고 웨이비클에 대해서 말할 수 있는 것은 이것이 고작일 것으로 생각된다. 그렇다면 이상과 같은 웨이비클의 성질을 모두 포함하고, 앞에서 이야기되지 않은 더욱 일반적인 측정실험 간의 관계도 포함하며 게다가 논리적으로 모순됨이 없이 웨이비클 개념을 규정하는 수학적인 포상은 어떤 것인가? 그것은 다음과 같이 환상적인 것이다.

6

웨이비클로 구성된 물리계가 있다고 하자. 그럴 때 그 계의 상태는 무한차원 복소수공간의 원점으로부터 그어진 하나의 단위벡터로 표현된다. 복소수공간이라 함은 공간 안의 벡터와 텐서*(tensor) 성분이 복소수라는 뜻이고, 무한차원이라 함은 벡터와 텐서의 여분이 무한히 많다는 뜻이다. 그리고 측정 가능한 양들, 즉 웨이비클의 위치나 운동량, 또는 에너지, 그 밖에 위상이나 진폭 등의 양들은 각각 이 공간 내의 텐서로써 표현된다. 더 구체적으로 말한다면 이 양들은 각각 이 공간의 원점을 중심으로 하는 타원체(ellipsoid)로써 표현된다는 것이다. 이 타원체들은 공간의 차원 수만큼의 주축**(principal axis)을 갖

---

*행렬(matrix)이라 해도 좋다.
**타원체의 주축이란 그의 중심에 그은 직선 중에서, 표면을 관통하는 곳

102

는데, 이 각각의 주축은 그 양들을 측정했을 때 얻을 수 있는 가능한 측정값의 역수의 제곱근과 같은 크기를 갖는다.* 지금 어떤 양 A를 측정해서 a값을 얻었다고 하자. 그때는 이 측정이 웨이비클의 상태에 영향을 미쳐서 측정 후의 상태를 표시하는 벡터는 그 양 A에 속하는 타원체의 $\sqrt{\frac{1}{a}}$ 의 길이를 갖는 주축 방향을 취한다. 측정에 의하여 그때그때 상태가 새로이 결정된다고 앞에서 말한 것은 이런 의미에서였다. 이런 방법으로 어떤 정해진 상태의 계를 만들어 놓은 후 B라는 양을 측정한다고 하자. B에 대한 주축들의 길이를 $\sqrt{\frac{1}{b_1}}$, $\sqrt{\frac{1}{b_2}}$ …라 한다면 이 b_1, b_2… 등의 수치는 B가 취할 수 있는 가능한 값들이라는 사실은 조금 전에 말한 대로이다. 그러나 이때 B를 측정하면 그중의 어떤 값이 얻어지겠는가? 앞서 말한 바와 같이 일반적으로 이 값은 확정되지 않고 여러 가능한 값에 대한 확률만 이론적으로

─────────

에서 그 표면에 수직인 것을 말한다. 주축의 길이란 중심에서 표면을 관통하는 점까지의 길이를 말한다. 2차원 공간의 타원체는 흔히 말하는 타원이고, 그 주축은 장반경(semi-major axis)이라 불리는 한 쌍의 직선이다. 3차원의 타원체는 럭비공 같은 모양을 하고 있다. 단 럭비공은 단면이 원형이지만 일반적인 3차원 타원체는 단면 또한 타원이다.

3차원 이상이 되면, 무한차원도 물론 포함되지만, 타원체라는 것을 기하학적으로 구체화하기는 어려워지지만 그때는 유추로써 대략을 고찰해 볼 뿐이다. 해석기하학에서 2차원의 타원은 x, y에 대한 2차 방정식으로, 3차원의 타원체는 x, y, z에 대한 3차 방정식으로 각각 정의되는 것과 같이 해석적인 입장에서 보면 차원을 증가시킨다는 것은 단지 변수의 개수를 증가시키는 것에 지나지 않는다. 이와 같이 해서 무한차원 복소수 공간 등도 아무 어려움 없이 취급될 수 있는 것이다.
*가능한 측정값으로써 음수가 얻어지는 일도 있으므로 주축의 길이가 허수가 될 때도 있다. 이때 타원체는 상곡면체가 된다.

결정된다.

이 확률을 계산하려면 다음과 같은 절차를 밟으면 된다. 가령 이 B를 측정할 경우 b_1값이 얻어질 확률을 구하려면 먼저 상태벡터를 길이 $\sqrt{\dfrac{1}{b_1}}$ 인 B의 주축에 옮겨 그 정사영(평면 위의 도형을 그 평면에 위치하지 않은 한 점을 지나는 직선으로 다른 평면의 도형으로 옮기는 대응에 의한 상)의 길이를 구한다. 이 길이를 제곱한 것이 바로 구하려는 확률이다. 이 측정에서 b_2값이 얻어질 확률을 계산하려면, $\sqrt{\dfrac{1}{b_2}}$ 길이를 갖는 B의 주축에 대하여 같은 계산을 행하면 된다.

측정실험과 이런 관련이 있는 것을 웨이비클이라 부른다. 웨이비클 개념의 수학적 정의는 이 정도로 마치겠다.

수학적인 이야기를 적게 하려면 다음과 같은 예제를 고찰하는 것이 도움이 될 것이다. 상태벡터가 타원체의 어느 한 주축에 아주 가까운 방향을 갖는 특별한 경우를 생각하자. 그럴 때는 상태벡터의 이 주축상 정사영의 길이는 벡터 자신의 길이와 거의 같다. 즉 정사영의 길이는 대략 1이다. 타원체의 주축들은 서로 직교하므로 이 상태벡터의 다른 주축상의 정사영의 길이는 극히 짧다. 따라서 이런 경우에 이 타원체로 표시되는 양을 측정하면 그 주축에 속하는 값이 1에 가까운 확률로 얻어지고, 다른 주축에 속하는 값은 거의 얻어지지 않는다.

극단적인 경우는 상태벡터가 어느 한 주축과 일치하는 경우이다. 이때 주축상의 정사영의 길이는 정확히 1이고 다른 주축상의 길이는 한여름 대낮의 그림자와 같이 0이다. 이런 경우에 이 타원체로 표시되는 양을 측정해 보면 확정적으로 그 주축에 속하는 값만이 얻어지고 다른 값이 얻어지는 일은 결코 없다.

물리량에는 각각 하나씩의 타원체가 속하지만 다른 물리량에 속하는 타원체들과는 일반적으로 주축의 방향이 다르다. 따라서 상태벡터가 어떤 양 A의 어느 주축과 일치할 때 다른 B의 어느 주축과도 일반적으로는 일치하지 않는다. 따라서 A를 측정할 때 어떤 값이 확정적으로 얻어지는 상태에서 B를 측정하면 여러 값들이 얻어진다. 즉 결과가 확정적으로 정해지지는 않는다.

그러나 A의 주축과 B의 주축이 일치하는 특별한 경우도 있다. 예외적으로 그때에는 A를 측정해도 어떤 수치가 확정적으로 얻어지고, 동시에 B를 측정해도 어떤 값이 확정적으로 얻어진다.

한편 상태벡터가 A의 어느 한 주축방향을 향하고 있을지라도 그 벡터를 B의 각 주축에 사영시켜보면, 어느 것이나 같은 길이의 정사영을 갖는 정반대의 경우가 있다. 이때는 A의 측정에 의하여 어떤 값이 얻어져 있는 상태에서 B값을 측정하면 모든 가능한 값들이 동일한 확률로 나타난다. 이 경우는 완전히 비확정성이며, 웨이비클의 위치와 운동량 혹은 위치와 진폭 등에 대응하는 양들에는 이런 관계가 존재한다. 이런 관계에 있는 양들을 상보적 양(量)이라 부른다.

웨이비클에 관한 묘사는 이 정도로 그치기로 하자. 독자는 이 정도로도 그것의 괴이함에 놀랐을 것이다. 고전적인 입자나 파동도 이미 간단한 입자파동 외에 수학적인 정의를 필요로 하는 것이었을지라도 이들을 구체적으로 묘사하는 일은 비교적 용이했다. 이에 반해 웨이비클에 대해서는 어째서 그것이 어려운 것일까? 상태가 벡터로 표시되기도 하고 물리량이 타원체로 표시되기도 하는 이 너무나도 괴이한 도구(道具)에는 놀라지 않을 수 없을 것이다. 그리고 웨이비클의 확률이 주축상의 정사영의 길이로써 계산될 수 있다는 사실은 누구에게나 납득시킬 수 있을지 모르나 어째서 그러냐고 묻는다면 대답하기가 곤란하다. 그러나 크기도 없고 색도 없고 위치만을 점유하는 점이라는 것, 그것이 좌표 x, y, z와 시간(t)의 함수로 도함수(導函數)라는 것이 존재한다는 사실, 또는 사인(sine) 혹은 코사인(cosine) 등을 배운 일이 없는 보통 사람에게는 색이 없는 물체의 운동이라든가 또는 그 개념들이 실수집합 x, y, z라든가 도함수라는 교묘한 것에 의해서 정의되며, 삼각형의 변들의 비(比)와 사이각들의 관계라는 엉뚱한 것들이 튀어나오는 데는 놀라지 않겠는가? 그리고 파장이 5.83×10^{-5} ㎝인 파가 황색임은 누구나 다 인정하는 일이지만 어째서 꼭 이런 파장을 갖는 빛이 황색광이 되느냐에 대한 설명은 불가능하다고 말한다면 이 사람들은 불만을 품을 것이다.

7

물리량들이 각각 텐서들에 의하여 표현된다고 말했는데 이 텐서들은 텐서대수학에 의해서 더할 수도 있고 곱할 수도 있다. 이리하여 기본적인 몇 개의 물리량들의 함수로써 더 복잡한 물리량들이 정의된다. 이 경우 특히 주목해야 할 것은 텐서대수학에 의해서 두 개의 텐서 A, B를 곱할 때 일반적으로 AB와 BA가 같지 않다는 사실이다. AB가 BA와 같아지는 것은 이 두 개의 텐서를 표시하는 타원체들이 공통의 주축방향을 갖는 특수한 경우뿐이다. 위치와 운동량, 혹은 위상과 진폭 등과 같은 상보적 양들에 있어서는, 한쪽 타원체의 어떠한 주축을 잡아 보아도 그 주축이 다른 타원체의 주축상에 투사하는 정사영의 길이가 같다고 말했다. 이 경우에는 어떤 의미에서 두 양들의 주축방향이 일치한다고 하는 위의 경우와 정반대가 되는 경우이다. 이런 경우에 두 개의 상보적 양을 나타내는 텐서를 각각 A, B라 하면, AB와 BA는 물론 다르며 그 차(差)가 AB-BA=$\frac{K}{2\pi i}$가 되지 않으면 안 되는 사실이 수학적으로 증명되어 있다. 이 K는 상수이며 간단한 수학적 요구만으로는 결정되지 않는다. 그러나 이 사실을 바탕으로 한 물리학적 법칙 위에 완전한 양자역학적 세계상을 구성해 보면 이 K로는 플랑크상수(h)를 사용해야 함이 분명해진다. 그러면 모든 것이 실험과 잘 들어맞는다.

8

이상의 논의는 모두 웨이비클이란 무엇인가 하는 문제에 대한 대답이었고, 이것만으로 아직 우리의 세계상이 형성되었다고 말할 수 없다. 꽤나 긴 이야기를 했는데도 이것은 입자란 무엇인가, 파동이란 무엇인가 하는 거의 자명한 사실을 설명하는 정도에 지나지 않는다. 우리가 더 논하지 않으면 안 될 것은 자연계가 어떤 종류의 웨이비클의 어떤 구조물에 의해서 이룩되어 있는가 하는 점과 그것들이 어떤 법칙에 따라서 운행되고 있는가 하는 점이다.

이 운행의 법칙이 곧 양자역학이며 뉴턴, 맥스웰이론과 마찬가지로 여러 가지 물리량들이 시간의 연속함수로써 확정적으로 어떻게 변화하는가 하는 것을 정해 준다. 다만 이것이 고전적 이론과 다른 점은 물리량이 텐서로 표시되며 보통의 수가 아니라는 점뿐이다.

텐서의 시간적 변화를 기하학적으로 설명하려면 타원체의 시간적 변화로써 이야기해도 된다. 양자역학의 법칙에 따르면 물리량들을 나타내는 타원체들은 무한차원공간의 원점을 중심으로 해서 빙글빙글 회전한다. 더욱이 이 회전은 여러 타원체가 상대적인 배치(configuration)를 변화하지 않도록 일제히 이루어진다. 이때 상태를 표시하는 벡터는 움직이지 않는다.

회전을 결정하는 이 방정식은 뉴턴역학에 비유되어 운동방정식이라 불린다. 문제로 삼는 웨이비클계의 어떤 물리량을 A라 하면 운동방정식은 $\frac{dA}{dt} = \frac{2\pi i}{h}$(HA-AH)라는 형태를 취한다. 이 식에서 H는 계의 구조에 의해서 결정되는 텐서로서 어떤 종류의 웨이비클이 어떤 힘을 받아 운동하고 있는가 하는 사실에 관계된다.

물리량들은 뉴턴역학이나 맥스웰전자기학에서와 같이 전부가 독립적인 것이 아니라 그중 가장 기본적인 몇 개의 양들만이 독립적이고 다른 양들은 이들의 함수로써 주어진다. 이 기본적인 양들은 몇 개의 조가 상보적 변수를 이루는 것이 보통이다. 이를테면 질점역학에서는 입자의 좌표와 운동량이 기본적인 양이고 다른 양들, 이를테면 에너지나 각운동량 등은 좌표와 운동량의 함수이다. 전자기학에서는 공간 각 지점에서의 4차원 퍼텐셜과, 그것과 상보적 관계에 있는 전기장의 세기가 기본적인 양들이다. 양자역학에서도 웨이비클의 좌표나 운동량, 또는 공간 각 지점의 퍼텐셜과 그것에 상보적인 양이 그러하다. 그리고 위의 운동방정식에 나타나는 H라는 양도 이 기본량들의 함수로 주어진다. 이 함수의 형태는 대상의 구조에 의해서 결정된다.

이와 같이 계의 구조를 부여할 수 있다는 의미에서 이 H라는 함수는 중요한 물리량일 뿐 아니라, 위 운동방정식에서 A 대신에 H를 대입해 보면 곧 판명되는 바와 같이 이 H는 시간적으로 불변*인 양이다. 이 시간적으로 불변인 양을 우리는 그 대상이 가지고 있는 에너지라 부른다.

이렇게 해서 우리는 대상의 구조로부터 에너지함수의 형태를 결정할 수 있고 또 에너지함수의 형태를 살펴보아 그 대상이 어떤 구조를 하고 있는가를 파악할 수 있다. 이를테면 좌표를 Q라 쓰고, 좌표에 상보적인 운동량을 P라고 쓸 때 H= $\frac{P^2}{2\pi} + \frac{k}{2}Q^2$인 형태로 H가 주어진다면 물리학자들은 곧 아하! 이것은 질량이 m인 웨이비클이 원점으로부터 탄성력을 받고 있는 것으로 이해한다. 이런 구조를 갖는 것을 뉴턴역학에서는 진동자(oscillator)라 부르며 이 진동자는 $\nu = \frac{1}{2\pi}\sqrt{\frac{k}{m}}$인 진동수를 가지고 진동한다. 웨이비클의 경우도 운동방정식을 풀어서 Q와 P의 타원체의 시간적 변화를 구하면, 이것 역시 ν라는 진동수로 주기적으로 운동함을 알 수 있다. 이런 의미에서 이와 같은 웨이비클계를 진동자라 부를 수 있다.

---

* 타원체들이 상대적인 배치를 유지하며 일제히 회전할 때 움직이지 않는 타원체가 존재할 수 있는 것은 그것이 복소수 공간 안의 타원체이기 때문이다.

양자역학의 초창기에 플랑크는 이런 진동계는 hν만큼의 불연속적 에너지 값만을 취한다고 가정하였다. 이것은 뉴턴역학으로는 설명될 수 없는 사실인데 우리의 웨이비클 역학에서는 이 사실이 다음과 같은 수학적 과정을 밟아서 자연스럽게 유도된다. 즉 위의 H에 대한 식에서 P와 Q가 상보적인 양이라는 사실로부터 이 두 양들은 PQ-QP=$\dfrac{h}{2\pi i}$를 만족해야 함을 알 수 있다. 다음 텐서법칙에 따라서 이것을 만족하는 P와 Q로써 H를 만들고 이 H의 주축의 길이를 구한다. 그런 다음 주축 길이의 역수를 제곱해 H를 측정했을 때 나타나는 가능한 값이 얻어진다는 웨이비클의 일반론을 사용하면, 실제로 에너지의 측정값으로 hν만큼씩의 불연속적인 값만이 얻어진다는 사실을 밝힐 수 있다.

9

한 웨이비클계가 주어진다면, 가장 기본적인 상보적 양들의 함수로써 그 계의 에너지가 정해진다. 이때 우리가 사용할 수 있는 양에는 어느 정도 선택의 자유가 있다. 이를테면 고전역학의 경우와 같이 직교좌표 x, y, z를 택할 수도 있고, 극좌표 γ, θ, φ를 택할 수도 있다. 그리고 x, y, z 대신에 γ, θ, φ를 사용하는 것은 단순히 수학적인 변수변환에 지나지 않는다. 그러나 고전이론에서 입자와 파동은 완전히 별개의 것이었기 때문에 입자에 대해서 쓸 수 있는 기본량과 파동에 대해서 쓸 수 있는 기본량과는 뚜렷한 차이가 있다. 즉 입자에 대해서는 위치를 정해 주는 좌표와 그것에 상보적인 운동량을 사용해도 되지만, 퍼텐셜 같은 것을 사용해서 입자를 기술할 수는 없다. 마찬가지로 파동에 대해서는 공간 각 지점에 대한 파고라는 퍼텐셜을 사용할 수 있으나 파동에다가 점의 위치 같은 것 등을 관련지을 수는 없다. 이에 대응해서 입자에는 질점역학적 법칙이, 파동에는 장의 법칙이 성립한다. 상세히 말한다면 질점역학적 법칙이란 공간 각 지점에 일정한 물리적 성질이 집중적으로 존재하는 경우, 그 점의 위치가 시간에 따라서 어떻게 변화하는가 하는 형태로 주어지는 법칙이다. 고전이론에서 생각하는 전자란 질점역학법칙이 적용되는 예이다. 그 이유는 이 경우엔 공간에 일정한 전하가 집중적으로 존재해 있고 그 위치의 시간적 변화가 문제 되기 때문이다. 빛은 장의 법칙이 적용되는 전형적인 예이다. 이때는 공간의 각 지점에 전기력이나 자기력이 분포되어 있고, 문제는 각 지점에서의 이 힘들이 시간적으로 어떻게 변화하는가에 있다.

이와 같이 고전적 이론에서는 입자에 대해서 사용할 수 있는 기본량과, 파동에 대해서 사용할 수 있는 기본량은 전혀 별개의 것이었지만 양자론적 세계에서는 입자와 파동의 두 종류 대신에 웨이비클이라는 단 한 가지가 있기 때문에 이야기가 달라진다. 웨이비클에 대해서는 우리가 사용할 수 있는 기본적인 양에 대한 선택의 자유가 훨씬 많아서 전자계를 장(場)론의 형태로 다룰 수도 있고 빛을 질점역학적으로 다룰 수도 있다. 그리고 전자를 취급하는 데 있어서 좌표 x, y, z를 쓰는 대신 공간 각 지점의 퍼텐셜을 사용하는 것은 x, y, z 대신에 r, θ, ψ를 사용하는 것과 마찬가지로 단순한 수학적 변수변환에 지나지 않는다. 이와 같이 빛이 전자기장의 파동이라는 것과 아주 똑같은 의미로 음극선을 전자장의 파동으로 생각해도 좋은 것이다. 전자를 질점역학적으로 다루면 그 위치좌표 x, y, z와 그것의 운동량 P_x, P_y, P_z 같은 것을 나타내는 타원체가 어떤 식으로 빙글빙글 회전하는가 하는 형태로 결과가 얻어지고, 그것을 장론으로 다루면 공간의 각 지점의 〈전자량의 세기〉와 그에 상보적인 양의 타원체가―이 타원체를 공간의 모든 지점에서 생각하지 않으면 안 된다―어떻게 회전하는가 하는 형태로 풀 수 있다. 그리고 이 두 결과는 형식이 다를 뿐 수학적으로는 동등하다.

고전적 이론에서는 별도의 경우에 대해서 성립하는 것으로 생각되어 온 이 두 개의 법칙, 즉 질점역학적 법칙과 장론적 법칙이 양자역학에서는 어떻게 동일한 내용을 가질 수 있는가를 대략 이해하기 위해서는 다음과 같은 이야기를 하는 것이 좋을 듯하다.

양자역학에서 진동계의 에너지를 측정할 때 $h\nu$ 간격의 불연속적인 값만이 얻어진다는 사실을 앞 절의 마지막 부분에서 말하였다. 이제 빛의 장을 생각해 보자. 단 맥스웰장이 아니라 웨이비클장 같은 것을 생각하지 않으면 안 된다. 웨이비클장이라 함은 고전적인 장과 달리 공간의 각 지점에 각각의 타원체가 존재한다는 뜻이다. 그리고 이 빛의 장방정식을 풀면 장의 양을 나타내는 타원체가 공간의 각 지점에서 주기적으로 진동한다. 그리고 우리가 장량을 측정하는 실험을 행한다면, 파와 같은 형태의 장이 얻어진다. 그리고 이 〈측정값 파〉는 실제로 간섭과 회절을 보여 준다. 이런 뜻에서 빛은 파동이라 생각될 수 있다.

한편 맥스웰의 견해와 같이 에너지가 공간 각 지점에 분포되어 있다고 생각할 수도 있다. 단 여기서의 의미는 공간 각 지점에 에너지 타원체가 존재한다는 뜻이다. 이 에너지 타원체는 장의 퍼텐셜과 그에 상보적인 양에 의해서 Ⅵ장 'chapter 15'에서 나온 진동자의 H와 같은 형태로 표시된다. 그러므로 에너지를 측정해 보면 hν 단위의 불연속적인 값이 얻어진다. 이것이 곧 빛의 입자성에 상당하는 사실이다.

이와 같이 빛의 파동성은 질량을 측정하는 경우와 같은 때 나타나고, 빛의 입자성은 에너지를 측정할 경우와 같은 때에 나타나는 것이 분명하다. 따라서 장량의 타원체의 주축과 에너지 타원체의 주축은 일치하는 방향을 갖는 일이 없기 때문에 이 두 가지를 동시에 측정하는 것은 불가능하다. 왜냐하면 파동성과 입자성이 부합되는 일이 결코 없기 때문이다.

이와 같이 웨이비클적인 장을 생각하면, 공간 각 지점에는 장량의 타원체가 고르게 분포되어 있다고 보아도 좋은 데 반해, 에너지 측정값은 맥스웰이 생각했던 대로 반드시 연속적으로 공간에 분포해 있지는 않게 된다. 즉 공간의 어느 장소*에서는 에너지가 0이고, 또 다른 장소에서는 2hν인 식이 되는 일이 있다.

이와 같이 플랑크의 견해는 모순 없이 장의 개념과 융합될 수 있다.

빛에 대한 웨이비클장론 중에 입자성이 내포되어 있음을 알 수 있었지만, 한 걸음 더 나아가서 이 웨이비클장론을 수학적

---

*엄밀히 말하면 공간 내의 미소한 부피를 생각할 때 그 속에 포함된 에너지가 0, hν 또는 2hν라는 식으로 말해야 한다.

으로 변형시켜 질점역학이론의 형태로 고쳐 쓸 수도 있는데 그 절차는 다음과 같다. 빛의 에너지가 0, hν, 2hν…식으로 가능하다는 이야기는 앞에서 했다. 그때 에너지가 0인 지점은 아무 것도 없는 공허한 지점, 에너지가 hν인 지점은 광자 하나가 존재하는 지점, 에너지가 2hν인 지점은 광자 두 개가 존재하는 지점이라는 식으로 생각할 수 있다. 이때 법칙을 각 지점에 해당하는 장량과 에너지가 어떻게 변화하는지 표현하는 대신에 에너지가 hν인 곳, 다른 말로 하면 하나의 광자가 존재하는 위치가 시간에 따라서 어떻게 이동하는가 하는 형태로 이론을 고쳐 쓰는 것이다. 이 새로운 형식의 이론에서 에너지가 2hν인 지점은 두 개의 광자가 존재하는 지점이다.

　빛의 경우와 반대로 법칙이 질점역학 형식으로 주어지는 전자에 대해서도 법칙을 장론 형식으로 쓸 수 있다. 이때 나타나는 장은 전자파의 장이다. 즉 공간 각 지점에 전자파 퍼텐셜이 분포되어 있다. 이 장에 있어서는 에너지가 공간 각 지점에서 정의될 뿐 아니라 각 지점에 대한 전기량도 정의된다. 만일 전자장이 빛에 대해서 맥스웰이 생각했던 것과 같은 고전적인 것이라면 이 전기량은 공간에 연속적으로 분포되어 있는 셈이 되고 전자의 입자성은 어떻게 해서도 나타나지 않는다. 그러나 장을 웨이비클로 취급하면 이 전기량의 측정값은 0이 아니면 -e라는 것이 증명된다.* 이것이 곧 전자의 입자성이다. 이와 같이 해서 장의 개념이 전자에 대해서도 적용된다. 여기서 e란 전기소량이라 불리는 상수로써 그 값은 정전단위로 4.8×10^{-10}

---

*엄밀히 말하면 더 복잡한 이야기를 해야 하지만 우선 이 정도로 만족하기 바란다. 특히 양전자론에서는 +e도 가능하다.

114

이다.

결국 장의 법칙과 질점역학법칙은 동일한 것의 다른 표현법에 지나지 않음을 알았다. 즉 전자는 공간 각 지점에 주안점을 두어, 각 지점 물리량의 시간적 변화를 법칙화한 것이고, 후자는 문제로 삼는 어떤 물리적 성질이 0이 아닌 장소에 주목해서 그 장소의 이동을 법칙화한 것이다. 이때 후자 쪽이 가능해지는 것은 그 성질이 0과 다르면 그것은 $h\nu$거나 $-e$의 일정한 값, 또는 그것의 2배, 3배 등의 값만이 가능하다는 사실 때문이다.

이야기가 이렇게 되고 보면 두 관점 간의 관계는 전광판의 예와 그다지 다르지 않다. 이 전광판 위에서 전구 하나하나에 주목해서 그것의 점멸을 법칙화하면 장의 법칙이 얻어진다. 또 이동하는 문자에 주목해서 그 운동을 법칙화한 것이 질점역학이다. 단 이 예는 입자, 파동의 이중성 문제 해결에는 아무런 실마리도 제공하지 못한다.

그러나 이 전광판의 예는 현재의 소립자론에서 가장 중요한 논의 중의 하나인 입자통계 문제를 이해하는 데 도움이 되니까 전혀 쓸모가 없지는 않다.

10

입자통계 문제에 도움이 되는 것은 입자의 개성이라는 것이다. 다시 한 번 〈그림 4-1〉과 같은 전광판을 생각해 보자. A, B전구로부터 시작해서 $h\nu$촉광의 두 전등이 차례차례 점멸해서 C전구까지 이동해 간다. 이때 C전구는 $2h\nu$촉광으로 켜졌다가 꺼진 후 전등은 다시 D 및 E 위치까지 이동해 간다고 하자.

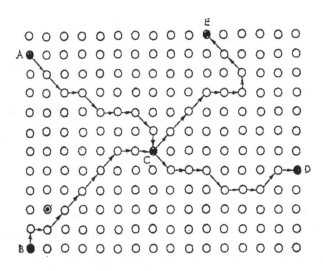

〈그림 4-1〉 전광판

이것을 질점역학적 관점에서 이야기하면 hν촉광이라는 질점 2
개가 각각 A 및 B에서 운동을 시작해서 C에서 한 번 만난 후
각각 D, E 방향으로 운동을 계속한다고 말할 수 있다. 그럴 때
D에 도달한 질점은 A로부터 온 것일까, B로부터 온 것일까?
이 같은 질문이 의미가 없는 것임은 분명하다. 즉 질점이라는
개념이 위에서와 같이 장의 법칙과 관점의 차이만 있는 것이라
면 각각의 질점들에 철수 또는 명수라는 이름을 붙여서 다른
것과 구별할 수 없다. 설사 이름을 붙여 놓는다 해도 충돌할
때마다 어느 쪽이 철수이고 어느 쪽이 명수였는가를 알 수 없
게 된다.
　이것은 다음과 같은 결과를 가져온다. 가령 같은 종류의 두
질점이 존재한다고 하자. 엄밀히 말해서 질점법칙을 따르는 두

개의 같은 종류의 웨이비클이라고 부르는 편이 나을지 모르겠다. 그때 각각의 웨이비클에 속하는 몇몇 양들을 측정할 때 한 웨이비클에 대한 측정 결과가 a_1으로, 다른 한쪽의 그것이 a_2로 얻어진다고 하자. 만일 이 질점이 흔히 보는 질점이라면, 이 측정 결과에는 두 가지 경우가 속할 것이다. 즉 철수의 측정값이 a_1이고 명수의 그것이 a_2인 경우와, 명수의 측정값이 a_1이고 철수의 그것이 a_2인 경우 두 가지다. 그러나 우리의 질점의 경우에는 단 한 가지뿐이다.

이 사실은 같은 종류의 수많은 질점집합의 물리적 성질을 통계적으로 취급할 때 중요한 의미를 지닌다. 이런 통계적인 취급을 할 때에는 확률론이 사용되지만 방법 수를 세는 것이 상식과 이토록 차이가 난다면 그 결론도 판이해 질 것이다. 따라서 같은 종류의 질점집합의 통계적 성질을 실험 결과와 비교해 봄으로써 실제로 위와 같은 사고방식, 즉 질점은 개성을 지니지 않는다는 사고방식의 진부(眞否)를 판정할 수 있다. 실험 결과, 실제로 광자는 개성을 갖지 않는다는 사실이 밝혀졌다. 광자와 같이 개성을 갖지 않고 따라서 철수, 명수와 같이 구별해 부를 수 없는 입자를 보존(boson)이라 일컫는다.

이와 같이 광자는 개성을 갖지 않으며 전자의 경우 또한 그렇다. 그러나 전자의 경우에는 더욱 특이한 사실이 나타난다. 전자장에 대한 양자역학적 법칙의 의하면 공간 각 지점의 전기량은 0, -e의 두 가지밖에 없다. 2e, 3e··· 등은 존재할 수 없다(앞의 주 참조). 이것을 질점역학적으로 해석하면 둘 이상의 전자가 동시에 동일한 상태에 존재할 수 없다는 말이다. 그렇다면 수많은 전자집합의 통계적 성질은 광자의 경우와 판이할 것이 예상되는데 이 사실도 실험적으로 확인되었음은 물론이다. 이와 같은 통계법을 따르는 입자를 페르미온(fermion)이라 부른다.

11

이와 같이 작용양자과 개념과 장의 개념은 웨이비클 개념을 토대로 해서 아무런 모순 없이 하나로 통합된다. 즉 양자역학적 법칙을 질점역학적 형식으로 표현하는 것과 장론 형식으로 표시하는 것은 단순한 수학적 표현양식의 차이에 지나지 않는다. 그러나 상대론적 이론을 구성하기에는 후자 쪽이 더 편리하다. 상대론 입장에서의 〈장〉은 공간 자체의 속성이고 따라서 아주 기본적인 것이라 생각되기 때문이다.

장의 개념은 본래 물질, 매질 속의 물리학적 현상으로부터 형성되었다. 탄성체에서 탄성파의 장, 대기 중의 음파장 등이 좋은 예이다. 이와 비슷하게 물리학자들은 공간에 가득 차 있는 에테르라는 준물질적인 매체 안의 전자기장을 생각했었다. 여기서 준물질적이라 함은 물질이 존재하지 않는 것으로 생각되는 진공 속에 가득 차 있다는 뜻에서가 아니라 발광체나 관측자의 운동 상태의 판단기준이 된다는 의미에서 물질학적이라는 뜻이다.

만일 빛이 이런 뜻에서 물질적인 매체인 에테르 안의 파동이라고 하면 빛의 성질은 에테르에 대해서 운동하고 있는 관측자와 정지해 있는 관측자에 대해서 다르게 관측되지 않겠는가? 이 말은 에테르에 대해 정지해 있는 사람이 관측하는 광속도와 에테르에 대해 운동하는 사람이 관측하는 광속도에 차이가 있을 것이라는 얘기와 다를 바 없다. 실제로 음속의 경우는 이런

118

사실이 관측된다. 그렇지만 빛에 대한 실험을 하면 예상 밖의 결과가 얻어지게 된다. 광속도는 어떠한 운동 상태하에 있는 관측자*에 대해서도 일정하다. 보다 일반적으로 말한다면 전자기법칙은 어떠한 운동 상태하의 관측자에 대해서도 동일하다.

이런 실험사실들 때문에 우리는 순물질적 매체인 에테르를 부정할 수밖에 없게 된다. 그리하여 전자기장은 공간 자체 속에 나타나는 것이라고 생각하게 되었다. 그렇다면 공간은 문자 그대로 텅 빈 것이니까, 그것을 기준으로 삼아 관측자의 운동 상태를 따지는 것은 본래부터 의미가 없는 일이다.

이와 같이 공간 자체의 성질에 관계가 있는 장은 음파장이나 탄성파장 같은 물질 매체에 속하는 것이 아니라 더 기본적인 개념이다. 이런 기본적인 장은 그 법칙이 어떠한 운동 상태하의 관측자에 대해서도 동일하다는 특성을 지녀야 한다. 법칙이 관측자의 운동 상태와 무관하다는 사실을 수학적으로 말하면 장방정식이 로렌츠**변환(Lorentz transformation)에 대해서 불변(invariant)이어야 한다는 뜻이다. 여기서 로렌츠변환을 이야기할 필요까지는 없을 것이다. 다만 장의 법칙이 관측자의 운동에 무관하다는 사실로부터 그 장방정식이 임의의 형태를 취할 수는 없다는 사실이 요구된다는 것만 깨달을 수 있으면 족하다. 실제로 전자기장에 대한 맥스웰방정식은 로렌츠변환에 대해서 불변인 성질을 지니지만, 음파의 장방정식은 그렇지 않다. 즉 음속은 소리 나는 쪽을 향해 움직이는 관측자와 소리와 같이 움직이는 관측자에게 각각 다르게 관측된다.

---

*단 여기서는 필속(筆速)운동을 하는 관측법의 범위에만 국한시켰다.
**Hendrik Antoon Lorentz(1853~1928)

맥스웰방정식은 로렌츠변환에 대해서 불변의 형태를 취하고 있지만, 거꾸로 이 변환에 대해서 불변의 성질을 갖는 방정식은 이것 외에 또 없을까? 만일 그런 것이 존재한다면 자연계에는 그 장방정식들에 따르는 장이 실제로 존재하지는 않을까? 이 장을 웨이비클적으로 취급한다면 각각에 대한 입자에 나타나지 않을까? 그렇다면 그 입자들은 광자와 마찬가지로 공간 그 자체의 사생아라 생각해도 될 테니 아주 기본적인 입자일 것이다. 전자나 양성자 등 자연계의 가장 기본적인 구성요소인 입자들은 이와 같은 것이라 생각할 수 있지 않을까?

우리는 이런 모든 의문에 대해 〈그렇다〉고 대답할 수 있다. 로렌츠변환에 대해서 불변인 장방정식은 맥스웰방정식 이외에도 실제로 많은 것들이 존재한다. 간단한 두서너 개의 예를 들면 클라인*-고든방정식(Klein-Gordon equation), 디랙방정식, 프로카방정식(Proca equation) 등이 있다. 그리고 현재 맥스웰방정식이 빛에 대해서 성립한다는 사실과 디랙방정식이 전자에 대해서 성립한다는 사실은 이미 의심의 여지가 없다. 실제로 디랙은 이 방정식이 그때까지 실험적으로 잘 알려져 있던 전자의 성질을 훌륭히 설명할 뿐 아니라 이 방정식의 수학적인 구조로 볼 때 전자와 동일한 질량을 갖고 전기의 부호가 다른 입자가 당연히 존재해야 한다는 사실을 예언했다. 이 양의 전자는 디랙의 예언이 있은 2년 후에 실험에 의해서 발견되었다. 그러면 클라인-고든방정식과 프로카방정식의 경우는 어떨까? 이제 유가와 박사의 중간자이론 이야기를 하지 않을 수 없다.

12

---

*Felix Klein(1849~1925)

원자는 중앙에 양전기를 띤 핵이 있고, 그 둘레를 음전기를 띤 전자가 둘러싸고 있는 구조를 갖고 있다. 이때 전자를 구속하여 안정한 원자를 형성하는 요인은 핵과 전자 간의 전기적 인력이다. 이 전기력은 원자 속에 존재하는 전자기장을 통해서 작용된다.

그 후 실험적 연구가 진척되어 원자핵 자체가 단순한 입자가 아니라 복잡한 구조를 지니고 있음이 밝혀졌다. 원자핵은 양성자라는 양전기를 띤 입자와 중성자라는 전기적으로 중성인 입자로 이루어져 있다. 그렇다면 이 두 종류의 입자들을 속박하여 안정한 원자핵을 형성하게 하는 힘은 무엇일까?

이 힘이 전기력은 아닐 것이다. 그 이유는 중성자가 전기를 띠고 있지 않기 때문이다. 따라서 유가와 박사는 전기장이 아닌 별도의 새로운 역장이 존재한다는 대담한 가설을 제안하고 간단히 클라인-고든방정식이 이 역장에서 성립한다고 가정했다.

이러한 장이 실제로 존재하는지는 이 장을 웨이비클장으로 취급했을 때 나타날 입자가 실험적으로 발견될 때 판가름 난다. 유가와 박사는 그 무렵까지 실험적으로 알려져 있던 원자핵 안의 힘에 대한 여러 가지 성질로부터 만일 이 입자가 존재한다면 그것은 양 또는 음전기를 지닐 것이며, 질량이 전자의 질량의 100~200배 정도가 될 것이라 예언하였다. 예언이 있은 2년 후, 이런 성질을 갖는 입자가 우주선 속에서 발견되었고 그 후 이 입자는 유콘(yukon) 또는 중간자라 불리게 되었으며, 유가와 이론은 세계의 주목을 받게 되었다.

핵력의 성질이 실험적으로 더욱 상세하게 조사된다면 클라인-고든방정식의 장 이외에도 프로카방정식의 장이 존재하게 될 것이라 추측되었다. 그렇다면 또 그것에 대응하는 다른 종류의 중간자가 존재해야 될 것이다. 현재 우주선 실험의 중심 과제 중 하나는 이런 중간자들의 성질들을 조사해서 유가와 이론의 토대를 확고히 하는 데 있다고 해도 과언이 아니다.

13

로렌츠변환에 대해서 불변인 장방정식을 구하고 그것을 웨이비클적으로 고찰할 때에 나타나는 입자의 성질을 도출해낸다. 이런 입자들은 공간 자체의 사생아라 생각할 수 있으며 가장 기본적인 입자라 하여 소립자라 불린다. 또 이 소립자에 대해서 실험할 때 어떤 반응이 나타날까를 조사하는 것이 소립자론의 과제이다.

소립자의 성질 중에서 장방정식의 성질로부터 바로 유도되는 것은 소립자의 스핀(spin)이다. 이제 소립자의 스핀이라는 것을 설명해야겠다. 스핀이란, 전자에 대해서는 양자역학이 완성되기 이전에 실험에 의하여 발견된 개념으로 전자가 단순한 점전하가 아니라 고유 각운동량을 가지고 있음을 의미한다. 전에는 스핀이 전자가 어떤 축의 둘레를 자전하는 것처럼 생각되었다. 스핀이란 이름은 이 사실에서 비롯된 것이다. 전자가 이런 축을 지닌다면 전자를 기술하기 위해서는 x, y, z 세 개의 좌표 외에 축 방향을 결정해 주는 제4의 좌표가 필요하게 된다.

그러나 스핀의 진상은 이런 자전 같은 것이 아니다. 전자기장이 벡터장의 것처럼 일반적으로 로렌츠변환에 대해서 불변인 장량은 스칼라도 있지만 몇 개의 성분을 갖는 양도 존재한다. 빛의 경우 그 장량이 벡터이기 때문에 빛에는 파와 진동수 외에 편향성이라는 속성이 존재한다. 즉 빛은 횡파이고 파의 진동이 어떤 방향으로 일어나고 있는지 결정해 주지 않으면 빛을 완전히 기술한다고 말할 수 없다. 이와 같이 광자는 단순한 질점이 아니라 편향성이라는 제4의 속성을 갖는다고 생각하지 않으면 안 된다. 그것은 전자가 단순한 질점이 아니라 스핀이라는 제4의 속성을 갖는다는 사실과 흡사하다.

실제로 이 유추는 옳다. 전자장은 디랙방정식을 따르지만 이 방정식에 나타나는 장량은 스칼라양이 아니라 4개의 성분을 갖는 양이다. 이 양은 4개의 성분을 갖고 있다는 점에서 4차원 벡터와 흡사하지만 수학적으로는 준벡터(pseudo vector)라 불리는 양이다.

장량이 네 개의 성분을 갖는 준벡터라는 사실로부터 전자파의 상태는 파장이나 진동수 이외에 진동방향을 부여하지 않으면 정해지지 않는다는 사실 때문에 그것이 전자의 제4의 속성인 스핀으로 나타나는 것이다.

이에 반해 클라인-고든방정식 속에 나타나는 장량은 하나의 성분뿐인 스칼라양이다. 이럴 경우 이것에 속하는 입자는 스핀 등을 지니지 않는 단순한 질점이라 생각해도 좋다. 또한 프로카방정식을 따르는 입자는 전자의 2배 크기 정도의 스핀을 지니고 있다. 맥스웰방정식을 따르는 광자에 대해서는 흔히 스핀과 구별되는 편향성이라는 속성을 생각할 수 있지만 이것도 약간 관점을 달리해서 광자가 스핀을 지닌다고 말할 수 있다. 실제로 원편광(圓偏光)된 빛은 우회전이냐 좌회전이냐에 따라서 그 진행방향 또는 반대방향의 각운동량을 갖는 광자가 이동한다고 생각할 수 있다.

전자의 스핀 크기는 플랑크상수를 2π로 나눈 값의 $1/2$, 즉 $\frac{1}{2}(h/2\pi)$이다. 일반적으로 로렌츠변환에 대해서 불변인 장방정식을 따르는 입자의 스핀이 $h/2\pi$의 정수배 또는 반기수배인 것은 일반적인 논의로부터 유도될 수 있다.

그다음으로 유도되는 중요한 결론은 소립자의 스핀 크기와 통계의 관계이다. 앞에서 입자에는 그 통계법의 차이에 따라서 보존과 페르미온의 두 가지 구별이 있다는 이야기를 하였다. 일반적인 소립자론에 의하면, 스핀이 $h/2\pi$의 정수배인 입자는 보존이어야 하며 스핀이 $h/2\pi$의 반기수배인 입자는 페르미온이어야 한다는 결론이 나온다. 그리고 중간자는 그것이 클라인-고든방정식을 만족하느냐 프로카방정식을 만족하느냐에 관계없이 모두 보존이어야 한다는 사실이 예견된다. 이 예견은 아직 실험적으로 충분히 확인되지는 않았다.

14

이상이 소립자론의 유효한 편이다. 우리는 이 이론에 의해서 자연계에 나타날 가능성이 있는 소립자는 어떤 성질을 가져야 되는가를 어느 정도 예언할 수 있다. 우리는 가능한 소립자의 스핀을 결정해서 그것과 통계의 관계를 알 수 있다. 이것만으로도 주목할 만한 성과이긴 하지만 이것이 소립자에 대해서 알고 싶은 것의 전부는 아니다.

이상에서 말한 것처럼 우리의 이론이 성공을 얻은 분야는 거의 전부의, 한 종류의 소립자가 단독으로 갖는 성질에 관한 것이다. 그러나 여러 소립자들은 상호작용을 한다. 또한 하나의 소립자가 다른 소립자로 변환되기도 한다. 실제로 빛의 작용을 받아서 전자의 상태가 변화하며 반대로 빛은 전자의 상태가 변화할 때 발생된다. 또한 빛은 진공 속에서 양과 음의 전자쌍을 창조하고 자신은 소멸한다. 중간자는 전자를 발생시키고 자연적으로 붕괴한다. 이런 현상이 끊임없이 우리 주위에서 일어나고 있다. 이런 소립자계의 유전을 우리의 이론으로 다룰 수 있을 것인가?

이런 현상을 이론 속에 편입시키려면 여러 개의 소립자들을 포함하는 웨이비클계의 에너지함수 H 속에 적당한 항을 삽입해서 운동방정식을 풀 때, 이러한 유전이 실제로 나타나도록 하면 될 것이다. 단 그때 삽입할 수 있는 형태로서는, 방정식이 로렌츠변환에 대해서 불변이어야 할 것이다. 그러나 이런 방정식을 풀어 보면 당장 어려움이 나타난다. 즉 그렇게 해서 얻어진 방정식이 수학적으로 해를 갖지 않게 되어 버리는 것이다.

방정식이 수학적으로 해를 갖지 않는다는 사실은 무한히 큰 자기에너지(self energy)라는 것으로 나타난다. 앞에서도 말한 것 같이 운동방정식에 나타나는 H라는 양은 웨이비클계의 에너지였다. H에 새로운 항을 삽입한 결과 필연적으로 소립자 간 상호작용이 없을 때의 에너지에 상호작용 에너지항이 추가된다. 그렇지만 이 상호작용 에너지를 추가한 에너지 주축의 길이를 구해 보면, 이것은 언제나 무한대의 값을 갖게 된다. 예로서 전자장과 전자기장이 상호작용한다고 생각하면 전자 하나만이 존재하고, 광자가 하나도 존재하지 않는 상태에서도 이 웨이비클계의 에너지는 무한대가 되지 않으면 안 된다는 결론이 나온다. 그런데 상대성원리에 의하면 에너지의 존재는 필연적으로 질량으로 나타나기 때문에, 이것이 만일 사실이라면 전자는 겉보기에 무한대의 질량을 갖는 셈이 된다.

전자 하나가 존재할 때 이것과 전자기장의 상호작용에 의한 무한히 큰 에너지가 야기된 원인은 전자가 존재할 때 반드시 그 주위에 전자기장을 형성하고, 그 전자기장과 전자가 반드시 상호작용 에너지를 갖는다는 데에 있다. 이 에너지는 전자와 전자 자신이 만든 전자기장과의 상호작용에 의해서 나타나는 것이므로 이것을 전자의 자기에너지라 부른다. 이 자기 에너지가 무한히 커지는 원인에는 두 가지가 존재한다. 그 하나는 전자도 전자기장도 웨이비클이 아니라 전자를 단순한 전자로, 전자기장을 단순한 파동으로 생각한 고전적 이론에서도 나타났던 것으로 전자를 크기가 없는 점과 같은 것으로 생각하는 견해와 밀접하게 결부되어 있다. 이때 전자 주위에는 거리에 반비례하는 전기적 퍼텐셜이 존재하기 때문에 전자가 점상이라면 전자가 존재하는 지점의 전기적 퍼텐셜은 1/0형의 무한대가 된다.

제2의 원인은 전자기장이 웨이비클이라는 사실에 기인한다. 전자 주위에 광자가 전혀 존재하지 않는 상태에서도 전자기장이 웨이비클인 이상 광자에 속하는 파동장이 0일 수는 없다. 왜냐하면 광자수라는 양의 타원체와 전자기장의 세기라는 양의 타원체의 주축 방향이 다르기 때문에 상태벡터는 광자수가 0인 방향을 향할 때 전자기장의 세기가 0인 주축과 일치하지 않는 것이다. 따라서 0이 아닌 전자기장의 세기의 주축이—그런 주축은 무한히 많다—에너지에 영향을 조금씩 미치고 그것이 누적되어서 무한대를 초래한다는 것이다.

이런 지루한 이야기를 꺼낸 것은 이런 종류의 무한대가 플랑크이론이 출현하기 전 흑체복사의 경우에 나타난 것과 흡사하다는 점을 지적하고 싶었기 때문이다. 즉 그때의 무한대도 무한히 많은 것들의 영향이 누적되었던 것이다.

장론적 관점이 질점역학적 관점보다도 더 본질적이라고 생각하는 상대론적인 입장에서 본다면 첫째 원인 즉, 고전이론에서도 나타났었다고 말할 수 있는 것도 양자론적인 것이라 할 수 있다. 즉 점상의 전자라는 것은 전자파의 장을 웨이비클적으로 고찰할 때 비로소 나타나기 때문이다. 실제로 전자나 전자기장 어느 것도 웨이비클적이 아닌 보통의 장이라 생각하면 아무런 무한대도 발생하지 않는다.

이런 이유로 여러 장 사이의 상호작용을 이론 속에 포함시키려 할 때, 상대론에서 본질적이었던 장의 개념을 웨이비클적으로 고쳐 생각하는 것만으로는 잘 들어맞지 않음을 알게 된다. 즉 거의 화해를 보고 있는 장의 개념과 작용양자(作用量子) 개념이 여기서 2차적인 모순을 드러내고 있는 것이다. 그렇다면 어떤 방법으로 이에 대한 해결을 얻을 수 있을까? 유감스럽게도 현재로선 누구도 이것을 자신 있게 말하지 못하고 있다. 그러나 다음과 같은 기묘한 사실은 무엇인가 실마리를 던져 줄 수 있지 않을까?

15

여러 소립자들의 상호작용에 관한 이론은 소립자 단독의 성질을 취급하는 이론만큼 만족스러운 것이 아니라는 것을 앞에서 말했다. 즉 그런 이론이 대개의 경우 무한대를 발생시키는 것으로 보아 그것이 수학적으로 해를 갖지 않는 방정식의 토대 위에 서 있음이 분명해진 것이다.

그런데 기묘하게도 수학적으로 해가 없어야 할 이 방정식을 수학적으로는 분명히 잘못된 해법으로 풀면 실험과 훌륭하게 들어맞는 결과를 얻는 경우가 있다. 그것은 빛과 전자와의 상호작용 문제에서이다.

수수께끼 풀이 같은 해법이라 생각하고 있는 웨이비클계의 H 중에서 전자와 빛의 장과의 상호작용을 나타내는 항이 전자의 전하량 e라는 작은 상수를 포함하고 있는 점에 주의하자. 이 상수는 작은 값이므로 이 상호작용이 계에 아주 작은 영향밖에 미치지 않는다고 생각하여 우선 이 항이 없는 것으로 간주하고 문제를 푼다. 이 단계에서 전자와 빛은 상호 독립적으로 존재하므로 운동방정식을 푸는 데는 어려움이 없다. 다음으로 이렇게 하여 얻어진 결과에다 e를 포함하는 항의 영향을 고려한 보정을 행한다. 그 보정을 행하면 전자에 의해서 빛이 방출되든가 흡수되는 현상이 나타난다. 더욱 정밀한 결과를 얻으려면 그 보정에 대해서 다시 2차의 보정을 행한다. 이런 식의 점근적 근사법으로 해를 구해 간다. 이 방법을 빛과 전자의 상호작용 문제에 사용해서 1차, 2차, 3차… 보정하는 식으로 차례차례 해를 정밀화시켜 나가면 주목할 사실이 발생한다. 지나친 욕심을 억제하고 1차 근사(近似)해를 구하는 것으로 그치면, 실험과 상당히 잘 들어맞는 답이 얻어지는 데 반해 욕심을 부려 한 번 더 다음 단계의 보정을 가하면 그때는 반드시 무한대가 발생한다. 이런 까닭으로 현재의 이론이 완전한 것이 못 됨은 분명하지만 완전한 해를 구하려는 지나친 욕망을 억누르고 1차의 보정 정도에서 만족한다는 제한된 범위에서 사용한다면 이 이론도 상당히 쓸모 있다. 이 사실은 우리에게 이 이론이 전혀 부당한 것이 아니라 어느 정도의 진실을 포함하고 있다는 생각이 들게 한다.

어느 정도의 진실이라는 것을 약간 더 자세히 말하면 이 이론은 여러 장들 사이의 상호작용이 무한히 작다고 생각해도 될 경우에 한하여 타당하다고 말할 수 있다. 왜냐하면 이런 경우에는 1차 이상의 보정은 고차의 무한소(無限小)가 되고 따라서 처음부터 계산에 넣지 않아도 됐었을 것이기 때문이다. 이런 식으로 말하면, 전에 갈릴레오 뉴턴역학과 아인슈타인역학에 대해서 말했던 사실들이 생각난다. 아인슈타인역학에 대해서 갈릴레오-뉴턴역학은 광속도를 무한히 크다고 보아도 될 경우에만 옳으며, 양자역학에 대해서 고전역학은 플랑크상수(h)를 무한히 작다고 생각해도 될 경우에 한하여 옳다는 식으로 말할 수 있다.

이것은 사실일 것으로 여겨진다. 그렇게 말하는 까닭은 우리의 이론이 전자와 빛의 상호작용의 경우처럼, 실제로 그 상호작용이 약하다고 생각되는 경우에는 실험과 잘 들어맞는 결과를 주지만, 이론을 중간자와 양성자, 중성자와의 상호작용 문제에 적용해 보면 실험과 여러 가지로 어긋나는 결과를 주기 때문이다. 이들 사이의 상호작용은 전자와 빛의 경우보다 훨씬 강하다.

여러 소립자들 사이의 상호작용이 극히 작다고 생각할 수 있는 경우에 한해서 우리의 이론이 옳다 함은 우리의 이론을 구성하는 방법상에도 나타나 있다. 우리는 이론을 만들 적에, 먼저 독립해 있어서 다른 것들과 떨어져 존재하는 소립자이론을 만들고 그 후에 운동방정식의 H 속에 상호작용을 포함하는 항을 삽입했었다. 그러나 독립해 있는 소립자라는 개념은 이 상호작용을 가능한 한 작게 만들 수 있다는 사실을 전제로 할 때에만 의미가 있다. 상호작용을 얼마든지 작게 할 수 있다는 말은 과연 옳은 말일까? 우리의 이론에서 접근사를 지나치게 사용한다면 언제나 무한대가 나타난다는 점으로 보아, 이론의 구성 방법상 이런 사실이 요구될지라도 만들어진 이론은 그 요구를 충족시키고 있지 못함을 알 수 있다. 즉 우리 이론으로는 상호작용을 얼마든지 작게 할 수 있기는커녕 그것이 언제나 무한대가 되고 마는 것이다. 이와 같이 우리의 이론은 그 결과가 최초의 요구를 파괴한다는 내적 모순을 내포하고 있다는 사실을 알았다.

그렇다면 자연은 대체 어떤 것을 희망하고 있는 것일까? 자연은 상호작용을 얼마든지 작게 할 수 있어서 서로 무관한 소립자라는 개념이 명확한 의미를 지님과 동시에 무한대가 발생하지 않는 아론을 요구하고 있는 것일까? 상호작용이 작은 데에는 한도가 있으므로, 이론 형성의 토대가 되어 있는 〈서로 무관한 소립자〉라는 개념의 변경을 요구하고 있는 것일까? 이 무엇인가가 자연의 진상이다. 그러나 양자역학과 상대성이론을 현재의 형태 그대로 결합시킨 우리의 이론은 이 어느 것도 아니면서 내적 모순은 지니고 있다. 이 모순의 소재는 이 이론 속의 소립자라든가 상호작용이라든가 혹은 시간 또는 공간 등의 개념에 있을 듯하다. 왜냐하면 이 개념들은 상대론에서 절대운동의 개념이 받았었던 것 같은 비판을 아직 조금도 받아보지 않은 채 상당히 일상적인 의미로 사용되고 있기 때문이다. 양자론이 형성될 때에 플랑크의 양자 개념은 우리의 자연관의 큰 변혁을 불가피하게 만들었고 웨이비클이라는 새로운 개념을 발견해 내도록 했었다. 그렇지만 우리 이론 속에는 이 소량 h 이외에, 전기도량(e)이 나타난다. 그리고 이 소량은 h와 달리 아직은 그저 형식적으로 이론 속에 포함되어 있을 뿐이다. 진정한 이론에서는 이 e, 또는 현재의 이론 속에 포함되어 있는 다른 상수들, 이를테면 전자의 질량 등의 존재는 h가 전에 우리에게 고전적 사고방식을 버릴 것을 명했던 것처럼, 십중팔구 우리에게 무언가 사고혁명을 명하고 있는 것 같다.

부록

일본의 소립자론 발전

미야모토 미두(宮本米二)

소립자론의 연구는 18세기의 원자, 분자설의 확립에 발단되었다고도 한다. 금세기 초 아인슈타인의 상대성, 보어의 원자론, 하이젠베르크의 양자역학 등 물리학은 고전물리학에서 새로운 양자물리학으로 혁명적 진보를 이룩하였다. 양자역학이 형성된 당초에 일본의 물리학은 거의 초기에 해당하며 유럽에서의 물리학 혁명을 방관할 뿐이었다. 그중에서 러더퍼드와 같은 원자모형을 제안한 나가오카 한타로(長岡半太郎, 1865~1950) 박사와 보어와 같은 양자화의 조건을 유도한 이시하라 준(石原 純, 1881~1947) 박사는 선구적 존재였으나 주류에서 고립된 입장이었다. 오늘날의 이론물리학 발전의 모체를 만든 것은 니시나 요시오(仁科芳雄, 1890~1951) 박사이다. 니시나 박사는 영국, 덴마크에서 유학하고 특히 코펜하겐의 보어 밑에서 5년의 연구 생활을 보내고 세계적 학자 하이젠베르크, 디랙 등과 자유롭게 토론하고 비판하면서 코펜하겐 정신을 몸에 익히고 1928년 귀국하였다. 1931년 교토대학에서 일본에서는 처음으로 양자역학 특별 강의를 하여 당시 학생이었던 유가와 히데키(湯川秀樹, 1907~1981) 박사나 도모나가 박사에 깊은 감명을 주었다. 같은 해 이화학연구소에 자유로운 분위기의 원자핵물리학연구실을 만들어 도모나가 박사를 위시하여 사카다(坂田昌二, 1911~1970),

다케야(武谷三男), 고바야시(小林捻), 미야지마(宮島龍興), 후쿠다(福田信之) 등의 유력한 이론물리학자를 육성하고, 또한 일본의 우주선 연구, 원자핵 연구의 오늘날의 기초를 이룩하였다. 니시나 박사가 쌓은 토대 위에 유가와, 도모나가 박사 등의 노력에 의하여 일본의 소립자론이 비로소 세계 수준에 도달할 수 있었다.

1. 중간자론의 발전

중간자론의 발견

1930년대에 들어서자 물리학 연구의 중심 과제는 원자핵이 되었고, 물리학자의 관심은 원자핵 연구에 쏠렸는데 원자핵의 알파붕괴, 베타붕괴, 감마붕괴가 연구를 위한 단 하나의 실마리였다. 1932년 러더퍼드의 제자 코크로프트(John Cockcroft, 1897~1967)와 월턴(E. T. S. Walton, 1903~1995)은 리튬원자핵을 두 개의 알파입자로 파괴하는 데 성공하였다. 원자핵은 왜 원자의 중심의 좁은 곳에 집중하고 있는가, 또 대체 무엇으로 구성되어 있는가가 물리학자의 관심거리였다.

원자핵의 베타붕괴로 보아 원자핵은 전자와 양성자로 구성되었다고 생각하였으나 이 생각은 여러 가지 어려움에 부딪쳤다. 예를 들면 중양성자(deuteron)가 두 개의 양성자와 한 개의 전자로 구성되어 있다고 하면 스핀이 반정수(半整數)가 되어 중양성자의 스핀이 1인 것과 모순된다. 스핀은 입자의 자전의 각운동량을 표시하는 양이며 스핀이 반정수인 때 페르미온, 스핀이 정수인 때에 보존(Bose particle, boson)이라 부른다. 전자, 양성자, 중성자는 반정수스핀을 가지면 광자, 중간자는 정수스핀을 갖는다.

1932년 채드윅은 베릴륨원자핵과 알파입자의 충동로부터 양성자와 같은 질량을 가지며, 전기적으로 중성인 중성자를 발견하였다. 이것으로 원자핵 내에 전자가 존재한다는 가설은 무너지고 하이젠베르크와 이바넨코(Dmitri Dmitrievich Ivanenko)는 원자핵이 양성자와 중성자로 구성되어 있다는 유명한 원자핵이론을 발표하여 원자핵의 스핀이나 여러 성질을 정성적으로 알 수 있다는 것을 보였다.

원자핵의 베타붕괴로 여러 가지 에너지의 전자가 나타난다. 이 때문에 에너지보존이 원자핵 내에서 성립되지 못한다고 생각되기도 하였으나 파울리(1931)는 원자핵의 베타붕괴 때에 질량이 아주 작은 중성미자가 전자와 더불어 방출되어 잃은 에너지를 가져간다고 생각하였다. 페르미(1934)는 파울리의 가설을 바탕으로 하여 원자핵의 베타붕괴를 중성자가 양성자로 전화(轉化)하여 전자와 반중성미자를 방출하고, 또 양성자가 중성자로 전화하여 양전자와 중성미자를 방출한다는 이론을 세워 베타붕괴 현상을 비로소 정량적으로 논의할 수 있게 되었다.

이 베타붕괴의 이론은 원자핵 내에 반드시 전자가 존재할 필요가 없는 것을 밝혔다. 탐(Igor Evgenievich Tamm, 1895~1971)과 이바넨코(1934)는 양성자와 중성자 간의 힘을 이 페르미의 이론을 써서 설명하려고 시도하였다. 즉 양성자가 양전자와 중성미자를 방출하고 스스로는 중성자로 전환한다. 또 상대의 중성자는 이 양전자와 중성미자를 흡수하여 양성자로 전환한다. 이렇게 하여 양성자와 중성자 간의 힘을 계산하면 그 힘은 원자핵이 흩어지지 않게 구속하는 데는 너무도 작다는 것이 밝혀졌다.

1934년경에는 원자핵을 구성하고 있는 핵자(양성자와 중성자의 총칭) 사이에 강한 힘이 작용하고 있는 것, 또 원자핵은 이 힘으로 구성물인 양성자와 중성자를 붙잡고 흩어지지 않게 하는 것을 알았다. 예전부터 알려진 중력, 전자기력보다 훨씬 센, 인류가 처음으로 경험하는 미지의 힘이 원자핵 내에 있다. 이 힘의 원인은 무엇일까?

여기에 대해 깊은 고찰을 한 것은 약관 27살의 당시 오사카 대학 강사였던 유가와 히데키 박사였다. 유가와 박사의 탁월한 착상은, 이 힘을 전자기적인 힘과 유추하여 생각한 데 있다. 전자기적인 힘이 전기장 또는 자기장 같은 〈장(場)〉으로 나타낼 수 있다는 것은 알려져 있었다. 전기장은 보통 공간의 각 점(x, y, z)의 함수 E(x, y, z)로서 각 점의 전기적인 힘 분포를 나타낸다. 이러한 것을 장이라 부르는데 유가와 박사는 핵자 간에 작용하는 힘의 전자기적인 힘과 마찬가지로 어떤 장으로 나타낼 수 있지 않을까 생각하였다. 또한 당시 이미 하이젠베르크와 파울리에 의하여 창시되고 발전도상에 있던 〈장(場)의 양자화〉이론을 응용할 것을 생각하였다.

장의 양자화란 요컨대 지금 생각하고 있는 장을 양자론적으로 생각하는 것이다. 장의 양자화이론에 의하면 장에는 반드시 어떤 입자가 수반되는 것이 결론으로 나온다. 전자기장을 양자화하면 광자가, 전기장을 양자화하면 전자가 나타난다. 이 이론에 의하면 유가와 박사가 생각한 핵자 간 힘의 장에서는 어떤 새 입자를 수반할 것이었다. 하전입자 간의 쿨롱힘은 한쪽 입자가 광자를 방출하고, 다른 쪽이 흡수함으로써 생기는 것을 이론적으로 설명할 수 있다. 마찬가지로 핵자끼리의 힘도 한쪽 핵자가 이 입자를 방출하고, 다른 쪽 핵자가 이것을 흡수한다 하여 유가와 박사는 핵력을 계산해 핵자 간 힘의 10조 분의 1 ㎝의 근거리밖에 작용하지 않는 것에서부터 이 새 입자의 질량은 전자의 약 200배라고 추정하였다.

이 획기적인 논문은 1934년 11월 『일본이학학회지(Proceedings of Physico-Mathematical Society of Japan)』 17권에 발표되었

136

다. 그러나 당시 이러한 입자의 존재는 알려져 있지 않았으므로
아무도 진지하게 거론하는 학자도 없었고, 또 마침 일본을 방문
중이던 보어 박사까지도 원자핵 안에서는 양자론은 적용하지 않
는다고 하여 유가와 박사의 논문을 중요시하지 않았다고 한다.

그러나 당시 이화학연구소에서 자유로운 분위기를 만들어 신
진 물리학자 양성에 노력하고 있던 니시나 박사는 젊은 유가와
박사를 격려하고, 자신도 이치노미야, 다케우치 박사 등과 더불
어 우주선 안개상자에서 유가와 박사가 예언한 입자를 발견하
려고 진지하게 연구하였다. 그러나 최초로 발견한 것은 미국의
앤더슨(Carl David Anderson, 1905~1991)과 네더마이어(S. H.
Neddermeyer)로서 유가와 이론이 발표되고 2년 후인 1937년
이었다.

그들은 우주선 안개함 안에서 전자보다 무겁고, 양성자보다
가벼운 입자를 발견하였다. 그 질량은 전자의 200배였다. 이어
니시나 박사 등도 이 새 입자를 발견하였다. 유가와 박사는 이
입자야말로 자신이 예상한 것이라는 짧은 논문을 발표하였으나
미국의 오펜하이머(J. Robert Oppenheimer, 1904~1971), 서버
(Thurber), 스위스의 슈토커베르크(Stokerberg)도 같은 견해를
발표하였다.

유가와 박사가 예언한 입자는 양성자의 질량과 전자의 질량
의 중간에 있으므로 중간자(meson)라고 이름이 붙여졌다. 이리
하여 유가와 중간자가 많은 학자의 인정을 받게 되자 당시 유
가와 박사의 지도를 받고 있던 사카다, 다케야, 고바야시 박사
등의 강력한 지원 아래 급속한 이론적 진전을 보았다. 그리고
유가와, 사카다 공저의 제II논문(1937), 유가와, 사카다, 다케

야, 고바야시의 제Ⅲ, Ⅳ논문(1938)이 Proceedings of Physico -Mathmatical Society에 잇따라 발표되었다.

또 이 유가와 박사의 이론은 유럽의 물리학 연구에도 큰 영향을 미쳐 영국의 프룁리히 및 케머, 스위스의 하이틀러(Walter Heitler, 1904~1981)도 앞을 다투어 중간자론의 연구를 발표하였다. 당시이 회고담을 후에 케머가『중간자론 30주년 기념논문집』에 싣고 있다. 이 연구들에 의해서 중간자는 전하가 정·부 외에, 전기적으로 중성의 중성중간자가 존재할 필요가 강조되고, 또 중간자는 전자와 중성미자로 붕괴되는 것이 지적되었으나 이것은 나중에 인공가속기로 확인되었다.

중간자가 발견되자 지금까지 이해할 수 없었던 여러 가지 수수께끼가 풀렸다. 특히 우주선 중의, 물질을 잘 관통하는 경성분(硬成分)은 실은 중간자인 것이 분명해졌다. 1939년 유가와 박사는 교토대학에 초빙되어 사카다, 다니가와와 더불어 교토로 자리를 옮겼다. 여거시 사카다, 다니가와는 중성중간자가 광자로 붕괴하는 중요한 과정을 이론적으로 발견하고 스핀 0의 경우에는 두 개의 광자로, 스핀 1의 경우는 3개의 광자로 붕괴하는 것을 지적하였다.

1950년 인공가속기에 의하여 중성중간자가 두 개의 광자로 붕괴되는 것이 확인되어 중성중간자의 스핀은 0으로 결론 내려졌다. 이 중성중간자의 감마붕괴는 우주선의 연성분(軟成分)의 생성요인에 대해 중요한 해석을 주었다. 1937년 칼슨과 오펜하이머는 연성분은 전자와 광자로 구성되며 전자가 공기 핵으로 산란될 때에 광자를 만들고, 그 광자가 다른 공기 핵으로 전자·양전자쌍을 만든다. 그 전자가 또 공기 핵으로 산란되어 광자를 만들고 기하급수적으로 느는 캐스케이드 샤워(cascade shower)로써 이론을 생각하였으나 현재 이 바탕이 되는 최초의 광자는 지연성분의 구 밖에서 오는 양성자가 공기 핵과 충돌하여 생성된 중성중간자의 붕괴에 의한 것이라고 되어 있다.

2중간자론

우주선의 중간자 수명을 여러 가지 분석으로 추정하면 처음에 유가와 박사가 예상한 것보다도 100배나 수명이 긴 것이 밝혀졌다. 사카다, 다니가와, 이노우에, 나카무라 등은 1942년 6월 2중간론을 발표하였다.

상공에서 우주선의 양성자가 공기 핵과 충돌하여 생성된 중간자는 1억 분의 1초에 다른 중간자로 붕괴하고, 후자가 지상에서 관측되고 물질과 그다지 상호작용을 일으키지 않는다고 해석을 내렸다. 그리고 최초로 생성된 중간자가 핵력을 설명하기 위해 유가와 박사가 도입한 중간자라고 하였다. 이 논문은 2차 세계대전 후 영문으로 번역되어 『이론물리학회의 진보(Progress of Theoretical Physics)』 제1권(1946)에 발표되었으나, 이 이론은 전쟁 중에 발표되었기 때문에 처음에 해외에는 전혀 알려지지 않았고, 전후 비로소 유럽의 실험물리학자들에 의해 그 이론이 옳다는 것이 확인되었다.

1947년이 되자 운베르 씨, 판진, 피치오니는 로마에서 우주선의 정·부중간자를 나눠 각각 여러 물질 중의 붕괴를 조사하였다. 도모나가, 아라키 두 과학자의 계산에 의하면 부중간자는 모두 물질에 흡수되어 붕괴되지 않을 것 같지만 몇 개의 가벼운 핵에서 붕괴하는 예를 발견하였다. 이것은 지상에서 관측되는 중간자는 물질과 상호작용을 하지 않는다는 사카다, 이노우에, 다니가와 설(說)을 지지하는 것이었다. 1947년 남아메리카 대륙 안데스산 위에 원자핵건판을 놓고 우주선을 조사하고 있던 브리스틀대학의 파웰(Cecil Frank Pwell, 1903~1969), 오키알리니(C. P. S. Occhialini), 라테스(Lattes) 등 브리스틀 그룹은 전자의 약 300배의 질량의 입자가 약 200배의 입자로 붕괴하는 비적을 발견하였다. 무거운 쪽은 파이(π)중간자, 가벼운 쪽은 뮤(μ)중간자라고 이름이 붙여졌다. 이 뮤중간자는 50만 분의 1초에 전자와 2개의 중성미자로 붕괴되는 것이 1949년 앤더슨에 의해 확인되었다.

한편 버클리의 사이클로트론으로 인공적으로 파이중간자가 생성되어 1억 분의 2.6초로 정파이중간자는 정뮤중간자와 중성미자로 붕괴되는 것과 뮤중간자는 그다지 원자핵과 반응을 일으키지 않는 것, 부파이중간자는 원자핵에 흡수되어 원자핵을 파괴하는 것 등이 확인되었다. 따라서 파이중간자는 핵력을 설명하기 위해 유가와 박사가 도입한 중간자였다. 파이·뮤중간자의 발견에 의하여 사카다, 다니가와, 이노우에의 가설은 완전히 확립되었다. 이 이론에 의하면 우주선의 관통 성분은 지구 밖에서 오는 양성자가 공기 핵과 충돌하여 다수의 파이중간자를 생성하고 그 하전파이중간자가 하전뮤중간자와 중성미자로 붕괴하여 이 뮤중간자가 지하 깊숙이 관통한다고 생각되고 있다.

1949년 유가와 박사에게는 중간자 예언의 공적으로 일본인으로서는 처음으로 노벨상이 수여되었고, 당시 종전 후의 궁핍한 속에서 자칫하면 무기력했던 일본 국민에게 자신과 희망을 갖게 한 것은 아직도 사람들의 기억에 남아 있다. 노벨상 수상을 기념하여 교토대학에 기초물리학연구소가 설립되고(1952) 일본 이론물리학의 메카로서 젊은 이론물리학자의 육성과 독창적인 연구의 중심이 된 것은 잘 알려져 있다.

또 1946년 유가와 박사는 『이론물리학의 진보』라는 영문으로 된 이론물리학 월간학술잡지를 창간하였는데 이것은 현재 가장 권위 있는 학술지의 하나다. 사카다 박사 등의 중간자론, 도모나가 박사 등의 초다시간이론 등 뛰어난 논문은 모두 이 학술지를 통하여 외국에 소개되었다.

그 후의 발전

1951년에 정파이중간자와 중양성자의 반응을 써서 파이중간자의 스핀 0〔의(擬)스칼라〕가 확립되었다. 그 후 인공가속기에 의하여 파이중간자의 살이 자유로 만들어지고 파이중간자와 양성자의 산란, 광자와 양성자의 충돌에 의한 파이중간자의 생성 등의 반응이 실험적, 이론적으로 상세히 연구되었다(1953~1956). 특히 1950년 우지모토, 미야자와 양 씨에 의한 스핀 3/2의 핵자의 들뜬상태 연구 이론은 이 방면 연구의 선구적인 업적으로 간주된다.

그 후 미국의 추와 로우는 분산이론에 의하여 이 이론을 발전시켰다(1956). 다케야, 마치다 두 박사를 중심으로 하는 핵력 그룹은 1951년 시작하여 핵자 간의 힘을 핵자의 바깥쪽으로부터 주의 깊고 신중하게 안쪽을 향해 연구해 갔다. 특히 핵력의 장은 거리가 멀어지면 갑자기 약해지므로 섭동론을 이용할 수 있다는 탁월한 착상에 바탕을 두고 양성자-양성자 산란에서 오츠키, 이와다레, 다마가키, 와다루 씨 등은 파이중간자와 핵자

의 상호작용의 상수를 정했다. 또 같은 무렵 장(場)의 이론의
범위에서 정확한 분수식을 써서 추, 로우, 골드버거, 미야자와
등도 같은 값을 얻었다(1956).

만일 그렇다면 전자에 반입자의 양전자가 존재하는 것 같이
양성자, 중성자에 반입자가 존재할까? 1955년 미국의 세그레
(Emilio Gino Segré, 1905~1989)는 인공가속기로 반양성자, 반
중성자를 발견함으로써 양전자와 전자가 소멸하여 두 개의 광
자로 전화하는 것 같이 반양성자와 전자가 소멸하여 몇 개의
파이중간자로 전화하는 것이 확인되었다.

그러면 양성자, 중성자는 어떤 구조를 가지고 있을까? 전자
선(電子線)에 의한 이 구조의 탐구가 미국에서는 스탠퍼드대학의
호프스태터(Robert Hofstadter, 1915~1990) 등에 의해 시작되었
다(1956). 전자와 점전하(點電荷)의 유명한 러더퍼드산란의 공식
에서 상당히 벗어난 것에서부터 양성자는 전기적으로도 자기적
으로도 10조 분의 1cm 정도 퍼진 것이 밝혀졌다(그림 5-1). 이
것은 양성자가 그 둘레에 파이중간자의 구름으로 싸여 있다고
하여 정성적으로 중간자론에서 예상되었던 것인데 정량적으로
다소 부족하였으므로 남부(南部陽一郎, 시카고대학)는 새 스핀 1
의 중간자의 존재를 예언하였다. 또 파이중간자끼리의 산란에
서 다케다 씨가 예상한 스핀 1의 중간자도 이 문제에 기여하는
것이 이론적으로 분석되었다. 이 두 중간자는 나중에 인공가속
기에서 발견되어 오메가중간자, 로중간자라는 이름이 붙여졌다.
또 이 중간자들은 핵자 간의 힘에도 기여하게 되는데 일본의
핵력그룹은 여기에 대해 상세한 분석을 하고 있다. 인공중간자
의 에너지는 상승할 대로 상승하여 현재는 300억eV(전자볼트)

142

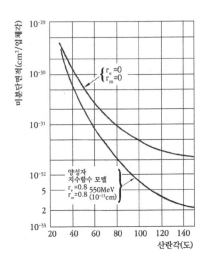

<그림 5-1> 550MeV에서의 전자와 양성자의 산란(γ_e)은 전기적인 퍼짐.
γ_m은 자기적인 퍼짐을 나타낸다

의 가속기도 만들어졌다. 미국의 버클리연구소와 브룩헤이븐국
립원자력연구소 및 스위스 제네바에 있는 유럽공동원자핵연구소
(CERN, Conseil Européenne pour la Recherche Nucléaire)의
세 큰 가속기는 여러 가지 새로운 현상을 제공하고 있다. 유가
와 박사가 예언한 파이중간자는 수많은 입자 중의 하나에 지나
지 않으며 이 가속기들에 의하여 소속 입자의 수가 늘어나고
있다. 특히 고에너지 양성자선, 파이중간자선을 써서 마치 전자
선으로 결정의 구조를 밝히는 것같이 양성자의 구조를 탐구하
고 있다. 그 산란입자의 각분포가 회적현상을 나타내는 것에서
양성자는 다시 10조 분의 1㎝ 정도 퍼져 있다는 것이 밝혀졌
다. 중간자론은 현재 큰 분수령에 도달한 감이 있다.
  유가와 박사는 양성자, 중성자를 단수한 소립자로 가정하고

중간자론을 세웠지만 이론물리학자의 관심거리는 오히려 양성
자, 중성자는 원자핵과 마찬가지로 더욱 〈기초적인 것〉으로 구
성되어 있지 않을까, 즉 양성자, 중성자는 이제 소립자가 아니
고 오히려 복합입자가 아닌가 하는 문제에 집중하고 있다.

가속기가 점차 대형화되는 이유는 보다 높은 에너지의 입자
선일수록 양성자나 중성자의 속 깊이 돌입할 수 있고, 그것에
서 「양성자가 복합입자인가?」라는 문제에 대한 답의 힌트를 제
공해 주기 때문이다.

이 목적을 위해서는 가속기의 에너지만으로는 양성자의 내부
로 깊숙이 들어가는 데 불충분하므로 가속기의 입자선보다 훨
씬 높은 에너지입자를 포함하는 우주선을 이용하려 하는 과학
자들이 있다. 후지모토, 니시무라, 나미키, 고시바, 다카기 등의
제트샤워 그룹이다. 그들은 우주선이 원자핵건판에 만드는 중
간자 다중발생을 연구하고 있다. 이 그룹에 속하는 단게, 하세
가와 등이 발견한 기묘한 현상은 충분히 해독되지 못하고 있지
만 소립자의 속 깊이 숨겨진 정보를 제공하고 있다.

2. 양자전기역학의 발전

초다시간이론

1930년대에 원자핵, 중간자의 연구가 많이 진척된 것은 앞
에서도 이야기하였지만 동시에 양자전기역학도 뚜렷한 발전을
이룩하였다. 양자전기역학은 전자와 전자기장(또는 광자)의 상호
작용을 「장(場)의 양자론」적 견지에서 연구하는 학문이다. 전기,
자기의 힘을 장으로 나타낼 수 있음은 앞에서도 이야기하였으

나 여기에 양자론을 더한 것이 장의 양자론이며 하이젠베르크와 파울리(1929)에 의해 창시되어 소립자론의 개척자로 간주되고 있다.

장의 양자론에 의하면 장은 반드시 어떤 입자를 수반한다. 즉 전자기장은 한 개의 광자를 수반한다. 또 전자도 디랙이 발견한 전자장으로 나타낼 수 있다. 이 디랙의 발견에 의하여 양자전기역학은 뚜렷한 발전을 하고 중요한 발견이 뒤를 이었다. 양전자의 발견, 광자와 전자의 클라인-니시나의 공식(Klein-Nishina's formula), 광자와 원자핵 충돌에 의한 음양전자쌍의 발생, 우주선샤워현상의 해명 등이다.

이 현상들은 이론적 계산은 아주 잘 맞지만 기묘하게도 제1근사값의 계산은 잘 맞아도, 제2 근사값은 모두 무한대가 되었다. 이것은 장(場) 이론의 발산의 어려움이라 하여 이론물리학자의 골칫거리였다. 또 하나의 어려움은 장(場) 이론이 상대론적으로 기술되지 않는다는 것인데, 이것이 제2차 세계대전이 일어나기까지의 상황이며 전쟁이 터지자 외국으로부터의 문헌이 두절되어 일본의 과학자는 독자적으로 연구해야 했다.

유가와 박사는 장(場) 이론의 어려움을 타개할 목적으로 시공(時空) 속에 둥근 그림을 도입한 아주 야심적인 시도를 발표하였다. 이에 자극되어 도모나가 박사는 다소 정통적인(orthodox) 디랙의 다시공간이론을 확장하는 방향으로 이 문제를 생각하였다. 디랙은 각 전자에 고유한 시간을 부여하였으나 도모나가 박사는 전자도 장으로 표현해야 된다 하여 디랙의 생각을 물리치고 공간의 각 점에 각각 시간을 부여하는 초다시간 공간(super-many-time theory)을 냈다. 이것으로 종래의 장의 이론은 일변하여 잘 정리된 뚜렷한 것이 되었다.

이 이론은 『이화학연구소휘보』에 일본어로 1934년에 발표되었으나 전쟁 중이었으므로 해외에 전혀 알려지지 못했지만 1946년에 비로소 영문으로 『이론물리학의 진보』 제1권에 발표되었다.

1946년 11월 교토에서 열린 소립자론연구회는 전쟁에 시달리고 진 나라의 연구회라고 생각할 수 없을 만큼 활기찬 것이었다. 초다시간이론의 응용에 관한 도모나가 박사의 장(場)의 무한대를 제거하는 「C중간자이론」이었다. 앞에서도 이야기한 것 같이 장의 이론을 써서 계산하면 무한대가 나타난다. 예를 들면 전자의 질량을 전자기장과의 상호작용을 고려하여 〔이것을 장(場)의 반작용이라고도 한다〕 광자를 방출하거나 흡수하면 무한으로 무거운 질량이 얻어져 사실과 모순된다. 이 장 이론의 무한대의 어려움은 당시의 이론물리학의 난문이었다.

사카다 박사와 하라 씨는 이 난제에 도전하여 스핀 0의 C중간자장을 도입함으로써 무한대의 질량을 유한으로 할 수 있다는 것을 밝혔다.

재규격화이론

다음 해 1947년 봄 장(場)의 반작용을 계통적으로 연구하는 세미나가 과학연구소에서 시작되었다. C중간자의 방법이 무한대를 제거하는 일반적 방법인가, 질량을 유한으로 하는 데 성공하면 과연 다른 문제도 성공적으로 풀릴까? 기니와, 이토 씨는 이 문제를 조사하기 위해 전자와 원자핵의 산란의 문제에 응용하려고 시도하였다. 당시는 장(場)의 반작용을 취급하는 것은 미개척 분야였으므로 계산이 복잡하고 어려운 연구였다. 그러나 반년 이상이나 걸려 겨우 끝나 한때는 「C중간자론은 산란 문제에 무효」라고 결론 나기도 하였으나 나중에 그것이 잘못이었음이 밝혀졌다.

장의 반작용에 관해 장의 이론에 중요한 발전이 있을 것이라는 도모나가 박사의 예상은 그해 가을 『피지컬 리뷰(Physical Review)』에 발표된 람과 러더퍼드의 실험으로 옳다는 것이 증명되었다. 그들은 수소원자의 에너지 준위가 보어의 이론과는 근소하게 벗어난다는 것을 정밀한 실험으로 입증하였다.

리뷰의 같은 호에 이론가로서 이름을 떨친 베테(Hans Albert Bethe, 1906~2005)의 논문도 실렸는데 장의 반작용을 고려해 넣으면 정성적으로 이 현상을 설명할 수 있다는 것을 보였다.

이 수소원자 준위의 벗어남은 보통으로 계산하면 무한대가 되지만 베테는 자유전자의 질량(장이 반작용에 의하여 역시 무한대가 되는)을 뺌으로써 유한한 값을 찾을 수 있는 가능성을 보였다. 그러나 그의 이론은 여러 가지 만족스럽지 못한 점이 많았고 불완전한 것이었다.

기니와, 이토 두 사람은 이 수소원자의 문제와 그들이 취급한 문제의 유사성을 깨닫고 다시 그들의 계산을 재검토하여 그것에 잘못이 있다는 것과 그것을 고치면 발산을 제거할 수 있다는 것을 밝혔다. 베테는 단순히 시사한 데 그쳤으나 그들은 정통적인 방법으로 유한하게 된다는 것을 보였다.

여기에 착안한 도모나가 박사는 장의 이론의 건전한 발전을 방해하고 있는 무한대를 모두 질량과 전하에 재구성하면 나머지는 전부 유한하게 되고 또한 실험 결과와 일치할 것이라고 생각하였다. 또 전해에 정비된 초다시간이론이 이 수소원자의 문제를 취급하는 데 유효한 방법인 것도 지적하였다.

후쿠다와 필자는 위의 설에 따라 계산을 하였는데 원래 미개척분야이고 계산도 복잡하였으나 몇 달 걸려 계산한 끝에 실제 도모나가 박사의 예상대로 유한하며 실험 결과와 일치하는 값을 얻을 수 있었다.

그즈음 미국의 슈윙어(Julian Seymour Schwinger, 1918~1994)가 아주 같은 계산을 하고 있는 것이 『뉴스위크(Newsweek)』에 사진과 더불어 보도되었으나 상세한 것은 발표되지 않았다. 1948년 겨울 래비(Isidor Isaac Rabi, 1898~1988) 박사가 슈윙어 논문의 사본을 가지고 일본을 방문하였는데 그 내용은 도모나가 박사의 연구와 똑같았다.

슈윙어의 이론은 전자의 전기모멘트가 디랙의 이론에서 벗어난 것을 〈재규격화이론〉으로 증명한 것이었다. 한편 파인만(Richard Phillips Feynman, 1918~1988)은 기상천외한 파인만 다이어그램(Feynman diagram)의 방법을 써서 매우 직관적인 이론을 전개하였다. 이 이론은 나중에 다이슨(Freeman John, Dyson 1923~)에 의하여 도모나가 이론과 동등한 것이 밝혀졌는데 이 파인만 다이어그램의 방법은 장의 이론에 없어서는 안될 이론으로서 소립자론의 전문가뿐만 아니라 물성이론가도 많이 이용하고 있다.

이리하여 전자와 광자의 상호작용에 관해서는 왕성한 이론체계가 이룩되었으나 이 이론은 중간자론이나 그즈음 속속 발견된 입자의 이론적 바탕이 되었다. 그러나 〈재규격화이론〉은 무한대의 어려움을 소립자의 질량에 재규격화시켜 어려움을 회

피하려 하였으나 모든 소립자의 질량을 예언할 수 있는, 원자에 대한 보어이론처럼 어떤 새로운 원리를 발견하는 것이 당장의 급선무라고 생각된다.

3. 새 입자의 발견

기묘도(奇妙度)의 도입

파웰이 아주 감도가 좋은 원자핵건판으로 파이·뮤중간자를 발견한 것은 앞에서도 얘기하였지만 그 이전부터 우주선의 안개상자 사진에 기묘한 비적(飛跡)이 나타나는 것을 알고 있었다. 파이·뮤중간자와 다른 어떤 미지의 입자가 있지 않을까 생각되기도 하였으나 촬영된 사진의 수가 적어서 그다지 신뢰할 수 없었다.

이 입자가 붕괴하여 나타난 2차 입자의 비적이 V자형을 하고 있기 때문에 한때 V입자라고 불린 일도 있다. 처음으로 이것을 발견한 것은 프랑스의 도당(1944)이며 그즈음 영국의 맨체스터대학의 로체스터(Rochester)와 버틀러(Butler)는 다시 두 가지 다른 V입자를 발견하였다(1947). 1950년 미국의 앤더슨은 패서디나(Pasadena) 및 화이트산 위에서 안개함으로 30개의 비적을 포착함으로써 새 V입자의 존재는 의심할 수 없는 것이 되었다.

앤더슨은 이 V자형의 비적을 검토하여 양자성과 부(負)파이중간자 및 정(正)과 부의 파이중간자로 붕괴하는 두 개의 중성입자를 알아냈다. 이것은 현재 람다(Λ)입자, 중성K중간자라고 불리는 것으로 그 질량은 각각 1555MeV와 497MeV이다. 또

파월은 성층권에 올린 사진건판으로 세 개의 파이중간자로 붕괴하는 500MeV의 새 입자[현재 정(正)K중간자라고 불린다]의 비적을 찾아냈다. 이 입자들은 이론적으로는 전혀 상상하지도 못했던 것이며 자연은 우리가 예상한 것보다 훨씬 복잡하고 현묘(玄妙)함을 암시하고 있다.

이 새 입자는 코스모트론(cosmotron, 1953년), 베바트론(bevatron, 1955년)이란 입자가속기가 완성하자 인공적으로 생성되었고 또 정(正), 부(負), 중성시그마입자(1290MeV) $\Sigma^{\pm 0}$[Σ^+, Σ^-, Σ^0는 정전하(正電荷)의 시그마입자, 중성의 시그마입자를 나타낸다. 첨자의 +, -, 0는 각각 정, 부, 중성의 전하를 나타낸다], 부의 크사이입자(1320MeV, Ξ^-)도 생성되었다. 이 새 입자들은 여러 가지 입자로 붕괴하는데 그 수명은 100억 분의 1초(10^{-10}초)로서 입자의 생성에서 예상되는 수명 10^{-23}초에 비해서 훨씬 길기 때문에 그 원인을 알 수 없어서 하나의 수수께끼로서 많은 물리학자들을 고생시켰다. 이 수수께끼를 처음으로 지적한 것은 당시 프린스턴대학에 있던 유가와 박사였다(1949).

일본에서도 뒤이어 1950년 도쿄대학의 신입자연구회에서는 남부, 야마구치, 니시지마, 오네다 등에 의하여 V입자의 쌍발생설이 주장되었다. 이 결과들을 정리하여 후쿠다 씨는 프린스턴연구소에서 발표하였는데 이것이 미국의 물리학자 특히 파이스를 자극하였으며 파이스의 우기(偶奇)법칙이 나왔는데 그 후 이 이론은 불완전한 것으로 밝혀졌다.

니시지마 씨는 다음과 같이 생각하였다. 소립자의 상호작용에는 강한 상호작용과 약한 상호작용의 두 종류가 있고 입자가 생성될 때는 강한 쪽이 작용하고 입자가 붕괴될 때는 약한 쪽

이름	스핀	I_3	하전스핀	기묘도	질량 (MeV)	평균수명 (초)	붕괴과정
양성자p	$\frac{1}{2}$	$\frac{1}{2}$	$\frac{1}{2}$	0	938.2	안정	
중성자n	$\frac{1}{2}$	$-\frac{1}{2}$		0	939.5	1.01×10^3	$p+e^-+\nu_e$
Λ	0	0	0	-1	1,115.4	2.5×10^{-10}	$N+\pi$
Σ^+	$\frac{1}{2}$	$+1$		-1	1,189.4	0.81×10^{-10}	
Σ^0	$\frac{1}{2}$	0	1	-1	1,193.0	$<0.1 \times 10^{-10}$	$N+\pi^1$
Σ^-	$\frac{1}{2}$	-1		-1	1,197.4	1.6×10^{-10}	
Ξ^0	?	$\frac{1}{2}$	$\frac{1}{2}$	-2	1,311	1.5×10^{-10}	$\pi+\Lambda$
Ξ^-		$-\frac{1}{2}$		-2	1,318.4	1.28×10^{-10}	
$\pi^\pm$	0^-	± 1	1	0	139.6	2.55×10^{-8}	$\mu+\nu_\mu$
π^0	0^-	0		0	135	1.5×10^{-16}	2_γ
$K^\pm$	0^-	$\pm\frac{1}{2}$	$\frac{1}{2}$	± 1	494.0	1.2×10^{-8}	$\mu^\pm+\nu_\mu,3\pi,2\pi,$ $\pi^0+e^\pm(\mu^\pm)+\nu$
$K^0 \bar{K}^0$	0^-	$\pm\frac{1}{2}$		± 1	497.8	50%K_1; 50%K_2	
K_1	0^-					1×10^{-10}	2π}$\pi^\pm+e^\mp+\nu_e,$ $\pi^\pm+\mu^\mp+\nu_\mu$
K_2	0^-					6.1×10^{-8}	}3π
양자	1		0.1		0	안정	
$\mu^\pm$	$\frac{1}{2}$				105.7	2.1×10^{-6}	$e^\pm+\nu_\mu+\nu_e$
$e^\pm$	$\frac{1}{2}$				0.51	안정	
ν_μ	$\frac{1}{2}$					안정	
ν_e	$\frac{1}{2}$					안정	

〈표 1〉 소립자

이 작용한다. 그리고 약한 쪽이 강한 쪽에 비하여 10^{-31}이 작으면 된다. 자연에 어떤 법칙이 있어서 그것이 만족될 때는 강한 쪽이 작용하고 그것이 만족되지 않을 때는 약한 쪽이 작용한다.

	이름	전하	스핀	하전 스핀	기묘도	질량 (MeV)	폭 (MeV)	붕괴과정
핵자족의 들뜬상태	N^*	+2, ±1, 0	$\frac{3}{2}^+$	$\frac{3}{2}$	0	1,238	100	$N\pi$
	N^{**}	1, 0	$\frac{3}{2}^-$	$\frac{1}{2}$	0	1,512	100	$N\pi$
	N^{***}	1, 0	$\frac{5}{2}^+$	$\frac{1}{2}$	0	1,688	100	$N\pi$, ΛK
	N^{IV}	2, ±1, 0	?	$\frac{3}{2}$	0	1,920	200	$N\pi$, ΣK
	N^{V}	1, 0	?	$\frac{1}{2}$	0	2,200	?	?
	N^{VI}	+2, ±1, 0	?	$\frac{3}{2}$	0	2,400	?	?
	Y_1^*	±1, 0	$\frac{3}{2}^+$	1	−1	1,385	50	$\Lambda\pi$, $\Sigma\pi$
	Y_0^*	0	$\frac{1}{2}^-$?	0	−1	1,405	50	$\Lambda 2\pi$, $\Sigma\pi$
	Y_0^{**}	0	$\frac{3}{2}^-$	0	−1	1,520	16	KN, $\Sigma\pi$, $\Lambda 2\pi$
	Y_1^{**}	±1, 0	$\frac{3}{2}$	1	−1	1,660	40	KN, $\Sigma\pi$, $\Lambda\pi$, $\Sigma 2\pi$, $\Lambda 2\pi$
	Y_0^{***}	0	$>\frac{5}{2}$	0	−1	1,815	120	KN, $\Sigma\pi$
	Ξ^*	−2, ±1, 0	$\frac{3}{2}$	$\frac{1}{2}$	−2	1,530	<7	$\Xi\pi$
중간자족의 들뜬상태	η	0	0^{-+}	0	0	548	<10	3π, $2\pi\gamma$, 2γ
	ρ	±1, 0	1^{-+}	1	0	750	100	2π
	ω	0	1^-	0	0	782	<15	3π, $\pi\gamma$
	$\tilde{K}^*$	±1, 0	1^-	$\frac{1}{2}$	±1	888	50	$K\pi$
	φ	0	1^-	0	0	1,020	<5	$K_1 K_2$
	χ	±1, 0	0?	$\frac{1}{2}$	±1	725	<15	$K\pi$
	f	0	2^{++}	0	0	1,250	75	2π, 4π, $K_1 K_1$, $K_2 K_2$

〈표 2〉 수명이 짧은 소립자

니시지마 씨는 각 입자에 η전하[현재는 기묘도(strangeness)라고 부른다]를 주고 보통의 전하는 잘 알려진 전하의 보존법칙으로 어떤 입자반응의 전후라도 전하의 총화는 같다. 즉 기묘도의

152

경우에는 기묘도가 반응의 전후에도 같다. 즉 기묘도가 보존될
때는 강한 쪽의 상호작용이 작용된다. 또 기묘도가 반응의 전
후에 같지 않을 때[기묘도가 비보존(非保存)인 때]는 약한 쪽의 상
호작용이 작용한다. 각 입자의 기묘도를 〈표 1〉, 〈표 2〉에 보
였다.

부파이중간자(π^-)를 양성자(ρ)에 충돌시켜서 중성K중간자(K^0)
와 중성의 람다(Λ)입자를 생성하는 반응은

$$\pi^- + P = K^0 + \Lambda$$
$$(0) \quad (0) (+1)(-1)$$

로 표시되지만 아래의 괄호는 그 입자의 기묘도를 나타낸다.
반응의 앞도, 뒤에도 모두 기묘도의 합이 0이고 강한 상호작용
으로 생성되어 관측되고 있다.

$$\pi^- + P = \Sigma^- + K^+, \quad \Sigma^0 + K^0$$
$$(0) \quad (0) (-1)(+1) \quad (-1) (+1)$$

도 관측되고 있다. 여기서 남부 씨 등의 V입자 쌍발생설이 실
험적으로 증명된 것이다. 그러나 다음 반응

$$\pi^- + P = \Sigma^+ + K^-$$
$$(0) \quad (0) (-1)(-1)$$

는 반응 전후에서 기묘도의 합이 같지 않으므로 이 과정이 일
어날 확률은 극히 작고 관측되지 않고 있으나 다음 반응

$$K^- + P = \Sigma^+ + \pi^-, \quad \Sigma^- + \pi^+,$$
$$(-1)(0)(-1)\ (0) \quad (-1)\ (0)$$

$$\Sigma^0 + \pi^0, \ \Lambda + \pi^0$$
$$(-1)\ (0) \quad (-1)\ (0)$$

는 관측되었다. 다음에 붕괴과정을 생각해 보자. 중성K중간자 (K^0)가 정파이중간자(π^+)와 부중간자(π^-)로 붕괴되는 과정

$$K^0 = \pi^+ + \pi^-$$
$$(1)\ \ (0)\ \ (0)$$

는 붕괴 전의 기묘도 +1, 붕괴 후의 기묘도 합은 0이므로 강한 상호작용이 작용하지 않고 약한 상호작용으로 붕괴하여 100억 분의 1초의 긴 수명의 수수께끼가 무리 없이 설명되었다. 마찬가지로 붕괴과정

$$\Lambda = P + \pi^-, \ \ n + \pi^0$$
$$(-1)\ (0)\ (0) \quad (0)\ (0)$$

$$\Sigma^- = n + \pi^-$$
$$(-1)\ \ (0)\ (0)$$

$$\Sigma^+ = n + \pi^+$$
$$(-1)\ \ (0)\ (0)$$

$$\Xi^- = \Lambda + \pi^{-1}$$
$$(2-)\ \ (1-)\ (0)$$

$$K^+ \rightarrow \pi^+ + \pi^0$$
$$(+1)\ \ (0)\ \ (0)$$

의 어느 것이나 붕괴의 전후에서 기묘도의 합이 같지 않으므로 긴 수명으로 붕괴하는 것을 알 수 있다(그림 5-2).

이러한 기묘도를 소립자론에 도입하여 〈긴 수명〉의 수수께끼를 밝히는 데 기여한 것은 당시 오사카시립대 조교로 있던 니

〈그림 5-2〉 π^-에 의한 Ξ^-의 생성과 Ξ^-붕괴

시지마와 나카노 씨였으며(1935), 그것과 독립적으로 미국의 겔
만(Murray Gell-Mann, 1929~2019)도 같은 이론을 발표하였다.
이 기묘도 이론은 소립자반응의 분류에 소용될 뿐만 아니라 그
후의 소립자론의 발전에 큰 영향을 주었다. 그들은 중성의 크
사이입자를 예언하였으나 이것은 1959년에 버클리의 가속기로
발견되었다. 오늘날 소립자의 상호작용이 강한 것과 아주 약한
것의 둘로 나눠지고 전자는 기묘도의 총화가 반응의 전후에서
같고, 후자에서는 같지 않다는 것은 아주 기묘한 일로서 하나

의 소립자론의 수수께끼로 남아 있다.

하전(荷電)독립성과 하전스핀

양성자-양성자, 양성자-중성자, 중성자-중성자로 작용하는 힘이 같은 것에서부터 핵자 간의 힘은 양성자와 중성자로 구별할 수 없다. 이것을 핵자 간의 힘의 하전독립성(荷電獨立性)이라고 하는데 이것을 설명하기 위해 하이젠베르크는 핵자의 상태를 기술하기 위해 전자의 각운동량의 스핀을 흉내 내어 그 상향 $I_3=1/2$을 양성자로, 스핀의 하향 $I_3=-1/2$을 중성자에 대응시켰다. 이 스핀을 하전스핀(isospin)이라 부른다.

핵자의 하전스핀은 1/2이다. 핵자 간의 상호작용에서는 반응 전후의 전 하전스핀의 크기가 언제나 같다. 두 개 핵자의 그것을 합성하는 사전스핀(I)에는 1 또는 0의 두 개의 상태가 있고 핵자 간의 힘은 이 두 개의 상태에 의해 정해진다. 파이중간자는 정파이중간자(π^+), 부파이중간자(π^-), 중성파이중간자(π^0)는 $I_z=1$, -1, 0에 대응하고 파이중간자는 하전스핀 1이며 또 파이중간자와 핵자의 반응에서는 전 하전스핀이 반응의 전후에서 같다(보존된다)는 것이 실험적으로 확인되었다.

각운동량의 스핀은 자전으로 직관적으로 이해되지만 하전스핀은 소립자반응의 분류에 아주 중요하지만 대체 무엇을 뜻하는지 현재 전혀 그 정체가 밝혀지지 않고 있다. 새로 발견된 입자인 정, 부, 중성은 시그마입자는 각각 $I_z=+$, $-$, 0에 대응하므로 하전스핀 1에 , 또 중성의 람다입자는 하전스핀에 대응한다. 정 및 중성K중간자와 부 및 반중성K중간자는 각각 $I=1/2$에 대응한다. 이러한 사실로부터 니시지마 씨는 다음과 같은

156

결론에 도달하였다.

① 새 입자, 파이중간자, 핵자 간의 강한 상호작용에는 반응의 전후에서 전 하전스핀(I)과 그 z성분(Iz)이 같다(보존된다).

② 그 전자기적 상호작용에서는 Iz가 보존된다.

③ 약한 상호작용에서는 전 하전스핀 및 그 z성분(Iz)은 보존되지 않는다.

또 니시지마 씨 등은 전하(q), 하전스핀의 z성분(I_z), 기묘도 사이에 다음 관계를 유도하였다.

$$q = I_z + \frac{n}{2} + \frac{s}{2}$$

이것을 나가노-니시지마-겔만의 관계식(Nakano-Nihijima-Gell-Mann's rule)이라고 한다.

여기서 n은 핵자족수(核子族數)라고 하며 핵자와 같은 것끼리일 때 1, 중간자일 때는 0이다. 부의 크사이입자(n=1)가 처음 발견되었으나 부중간자와 양성자의 충돌로 항상 두 개의 정K 중간자를 수반하는 것에서부터 그 기묘도는 -2(니시지마의 식에서 크사이입자의 하전스핀은 1/2이 된다)로서 따라서 부의 크사이입자가 있으면 중성의 크사이입자도 있을 것이었다. 이리하여 중성의 크사이입자를 예언하였는데 1959년 미국 버클리의 가속기에서 발견되었다. 이렇게 하전입자, 기묘도는 소립자반응의 연구에 중요한 역할을 하였으나 그것들이 강한 상호작용에서는 보존되지만, 왜 약한 상호작용에서 보존되지 않는가는 현재 전혀 설명할 수 없는 수수께끼이다. 또한 약한 상호작용에는 리정다오(李政道, Tsung-Dao Lee, 1926~)와 양전닝(楊振寧, Chen-

Ning Franklin Yang, 1922~)이 발견한 좌우비대칭성이나 최근
발견된 시간축의 전후비대칭성 등 기묘한 현상이 많다. 람다,
시그마입자, K중간자의 파이중간자를 수반하는 붕괴를 지배하
는 $\Delta I=1/2$ 법칙은 이소오야, 가오구치에 의해 발견되었으나
그 원인도 해명되고 있지 않다.

4. 사카다 모형의 발전

가속기와 측정기의 발달로 다수의 소립자가 발견되었다. 전
자선에 의한 양성자의 구조 연구에서부터 그 존재가 예상되었
던 남부 씨의 오메가중간자, 다케다 씨의 로중간자는 1960년
에 발견되었다. 이어 기묘도 ±1의 K*중간자, 핵자의 스핀3/2
의 들뜬상태에 대응하여 기묘도 -1, 스핀 3/2의 $Y_1{}^*$ 등이 속
속 발견되어 현재도 그 수가 증가일로에 있고 입자의 수는
100에 가깝다.

이 입자들의 특징은 수명이 극히 짧고 10^{-22}~10^{-23}초로서 가
속기의 살의 강도, 측정기의 정밀도가 좋아져서 비로소 관측이
가능해졌다. 이렇게 다수의 소립자가 발견되자 소립자라는 이
름은 원래 물질을 만드는 근본이 되는 입자로서 도저히 그 이
상 분할할 수 없는 물질의 최소단위라는 뜻으로 이름을 붙인
것이므로 이 입자들이 전부 소립자라고는 도저히 생각할 수 없
게 되었다.

여기서 두 개의 가능성이 있다. 하나는 이 다수의 입자 중
2~3개가 기본입자이며 다른 입자는 이 기본입자가 몇 개 붙어
서 합성된 것이 아닐까? 이런 입자를 복합입자라고 하며 기본
이 되는 입자만을 기본입자라고 부른다. 다른 가능성은 아직

발견하지 못한 2~3의 기본입자가 있어서 이것들이 붙어 모든 입자가 만들어지는 것은 아닐까? 소립자가 많이 발견됨에 따라 이러한 의문이 물리학자들의 머리에 떠오르기 시작하였다.

처음에 이것을 논의한 것은 페르미 그리고 우기성(parity)의 문제로 노벨상을 탄 젊은 날의 양이었다(1950). 그들은 원자핵을 구성하고 있는 양성자나 중성자는 기본입자일지는 모르나 유가와 박사가 발견한 파이중간자는 기본입자가 아니고 핵자와 반핵자가 붙어 합성된 것이 아닐까 생각했다. 그리고 핵자와 반핵자 사이에 아직 모르는 아주 강한 힘을 가정하여 그 가능성을 논의하였다.

1956년 니시지마-겔만 법칙의 진의를 모색하고 있던 사카다 박사는 페르미와 양의 생각을 확장하여 「양성자, 중성자, 람다 입자의 셋이 기본입자이다. 그 밖의 입자는 이 세 기본입자와 그 반입자로 합성된 것이다」라는 사카다 모형(Sakata model)을 제창하였다. 니시지마-겔만 법칙에 의하여 소립자는 정수배의 기묘도를 가지고 있으므로 기묘도 1의 입자를 적어도 하나의 기본입자로 선정할 필요가 있고 이 세 개를 기본입자로 한 것은 가장 간단한 가능성을 선택한 것이었다. 1959년 오가와 씨는 사카다 모델의 일면을 수학적으로 포착할 수 있는 가능성을 지적하였다. 양성자, 중성자, 람다의 세 기본입자는 약간의 질량차를 무시하면 동등하게 취급할 수 있는 데 주목하여 사카다 모형의 대칭성 이론을 도입하였다.

이 방법에 의하여 스핀 0의 정(부)파이중간자는 양성자(반양성자)와 반중성자(중성자)가 붙은 것이며 또 중성중간자는 양성자와 반양성자가 붙은 것과 중성자와 반중성자가 붙은 것, 또 정

(부)K중간자는 양성자(반양성자)와 반람다입자(람다입자)가 붙은 것, 또 반중성K중간자는 중성자(반중성자)와 반람다입자(람다입자)가 붙은 것이라고 생각하였다. 그들은 또 하나 중성의 중간자를 예언하였는데 이것은 에타중간자로 확인되었다.

이 연구는 다시 사와다, 요네자와도 참가하여 수학적으로 상세히 검토되어 양성자, 중성자, 람다입자의 세 기본입자와 그 반입자 몇 개인가가 붙어 복합입자를 만들 때 같은 질량과 같은 성질을 가진 몇 개의 입자가 몇 개인가 조(組)로 나눠지는 것을 알았다. 즉 1개, 8개, 10개라는 같은 질량으로 같은 성질을 가진 입자가, 하나의 〈조(組)〉[또는 족(族)]를 만드는 것을 알아냈다 [수학적 술어를 쓰면 3차원 유니테리군(群)의 기약표시에 대응한다고 한다]. 이 연구는 나중에 입자의 분류에 아주 쓸모 있었다.

사카다 모형에서는 시그마입자와 크사이입자는 기본입자 두 개와 한 개의 반입자, 즉 세계의 입자가 붙을 것이라고 생각하였으나 스핀 3/2의 입자와 함께 나눠져야 하는 어려움이 있었다. 핵자, 람다입자와 정, 부, 중성시그마입자, 그리고 부, 중성 크사이입자의 8개는 질량이 거의 같고 모두 스핀 1/2로서 성질이 비슷하므로 이 8개를 모두 하나의 〈조〉로 나눠야 하지 않을까 하는 생각이 미국의 겔만, 이스라엘의 네만에 의해 제창되었다.

8개의 입자를 한 조로 나누기 때문에 옥태드(octad) 모형이라 불린다.

이 모형들은 최근 속속 발견된 수명이 짧은($10^{-22} \sim 10^{-23}$초) 입자의 분류에 쓸모 있었다. 먼저 이야기한 스핀 0의 중간자, 파이중간자, K중간자, 에타중간자의 8개 및 스핀 1의 로중간자,

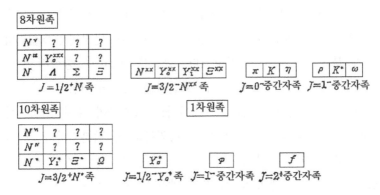

〈그림 5-3〉 소립자 분류의 일례, ?는 아직 발견되지 못한 소립이다

오메가중간자, K*중간자의 8개, 스핀 1의 피이(φ)중간자, 스핀 2의 f중간자는 각각 한 족(族)을 이루고 있다. 스핀 3/2, 질량 1240MeV의 N*입자 4개(전하는 각각 2, 1, 0, -1), 기묘도 -1의 질량 1385MeV의 Y_1*입자(전하 +1, 0, -1), 기묘도 -2의 질량 1530MeV의 $\varXi^*$입자(전하 -1, 0)의 9개는 이미 발견되었으나 앞에서 이야기한 군론(群論)의 상세한 분석에 의하여 10개가 하나의 족을 만들어야 한다면 아직 발견하지 못한 기묘도 -3의 입자가 존재할 것이었다.

그런데 겔만-오쿠보(Gell-Mann-大久保)의 질량공식을 써서 계산하면 그 입자의 질량은 1676MeV라고 예언되었다. 이 입자의 존재는 아직 몇 가지 예에 불과하지만 실험적으로 확인되어 질량도 겔만-오쿠보의 질량공식과 일치하고 있다. 처음에 사카다 모형의 질량공식을 만든 것은 마츠모토 씨이다. 아직 발견되지 않은 입자가 예언된 것은 원소의 주기율표로 새 원소가 예언된 것과 비슷하다. 〈그림 5-3〉은 소립자 분류표의 일례이다. 원자의 주기율표와 아주 흡사하다. 단 〈그림 5-3〉은 하나

<그림 5-4> 3입자모형으로 8개의 입자를 기본입자 ①, ②, ③으로 나타낸 것

의 가정이며 확정된 것은 아니지만 소립자의 주기율표의 작성이 소립자론의 하나의 과제인 것은 말할 것도 없다.

겔만과 사카다는 전하(2/3, -1/3, -1/3)의 양성자, 중성자, 람다입자와 비슷한 아직 발견하지 못한 세 개의 기본입자를 생각하여 모든 입자는 이 세 기본입자로 합성된다고 가정하면 입자의 여러 가지 성질을 설명할 수 있다는 것을 보였다. 이것을 〈3입자모형〉이라고 한다(그림 5-4). 그 밖에 기본입자를 넷으로 생각하는 오츠라, 하라 씨 등의 〈4입자모형〉이 있다.

근본적으로 사카다 모형과 같다. 현재 이 입자를 대형 가속기로 찾고 있으나 아직 발견하지 못하고 있다. 이 이론에 의하면 양성자도 중성자도 이젠 기본입자가 아니고 세 개의 기본입자로 합성된 복합입자가 된다. 양성자나 구조를 조사하는 데는 고에너지전자선, 양성자선, 중간자선에 의한 구조 해석이 필요하며 이러한 연구는 미국, 스위스의 대형 가속기로 진행되고 있으나 양성자나 중성자가 복합입자가 아닌가에 대해서는 결정적 결론이 나와 있지 않다. 만일 양성자나 중성자를 구성하고 있는 기본입자를 이루는 새롭고 아직 알지 못하는 힘에서 다시 원자력과 같은 새 에너지원을 꺼낼 수 있지 않을까 생각된다. 만일 이 기본입자가 존재하지 않는 것이 밝혀지면 지금까지 얘기한 소립자의 규칙성은 대체 무엇을 의미할까?

이론물리학자들은 이 자연의 수수께끼를 풀기 위해 고심하고 있다. 또 소립자를 구성하고 있는 재료로서 하이젠베르크가 말한 것 같이 하나의 〈원물질(元物質)〉을 예상하는 사람이나 중성미자와 B물질을 예상하는 사람도 있다. 소립자의 궁극을 탐구하는 연구는 물리학의 중심 과제인데 이론 측면에서뿐만 아니라 적어도 400억eV 정도 이상의 대형 가속기를 만들어 더욱 소립자의 깊은 속까지 파고들려는 것은 비단 일본의 물리학자만의 꿈이 아닐 것이다.

역자 후기

오늘날의 순수물리학자들은 대별하여 거대한 우주와 미시적인 소립자의 세계에 시야를 돌리고 있다고 할 수 있다. 이 책은 후자, 즉 양자역학적 세계에 존재하는 일상의 경험으로는 파악하기 어려운 개념들을 수학을 최소한으로 사용하여 소개, 해설하고 있다. 실험사실 중심이 아니고 기본적인 개념들 그 자체를 물리학을 전공하지 않은 일반 독자를 대상으로 풀이한다는 것은 무척 어려운 일일 뿐만 아니라 그러한 시도 자체가 독특하다고 생각한다.

이 책을 처음으로 대한 것은 서울대 문리대에서 양자역학구조를 맡고 있을 무렵이었다. 내용으로 보아 물리학과 학생들에게 소개하면 유익하리라는 소박한 동기에서 우리 글로 옮겨 보기 시작했다. 일본어에 일천한 역자로서는 이 원고를 책으로 꾸밀 엄두는 아예 내지 않았던 것이나 서울대 문리대의 고윤석 교수님과 송상용 교수님의 격려에 용기를 얻었다. 오직 현대물리학에 관심이 있는 역자 여러분께 적절한 책을 소개한다는 욕심에서 감히 허물을 가리지 않는다.

편집에 노고를 아끼지 않으신 함명수 주간께 감사를 드리며 원고를 숙독해 준 원이와 청서(靑書)를 해 준 담에게 고마움을 기록한다.

권용래

양자역학적 세계상

1 쇄   1974년 12월 25일
12쇄   2016년 11월 30일

지은이   도모나가 신이치로
옮긴이   권용래
펴낸이   손영일
펴낸곳   전파과학사
주소   서울시 서대문구 증가로 18, 204호
등록   1956. 7. 23. 등록 제10-89호
전화   (02)333-8877(8855)
FAX   (02)334-8092
홈페이지   www.s-wave.co.kr
E-mail   chonpa2@hanmail.net
공식블로그   http://blog.naver.com/siencia

ISBN 978-89-7044-355-3 (03420)
파본은 구입처에서 교환해 드립니다.
정가는 커버에 표시되어 있습니다.

도서목록
현대과학신서

도서목록
BLUE BACKS